영역	과목	교재	예비 초등		1-2학년				3-4학년				5-6학년				예비중등	
쓰기력	국어	한글 바로 쓰기	P1	P2														
			P1~3_활동 모음집															
	국어	맞춤법 바로 쓰기			1A	1B	2A	2B										
어휘력	전 과목	어휘			1A	1B	2A	2B	3A	3B	4A	4B	5A	5B	6A	6B		
	전 과목	한자 어휘			1A	1B	2A	2B	3A	3B	4A	4B	5A	5B	6A	6B		
	영어	파닉스			1		2											
	영어	영단어							3A	3B	4A	4B	5A	5B	6A	6B		
독해력	국어	독해	P1	P2	1A	1B	2A	2B	3A	3B	4A	4B	5A	5B	6A	6B		
	한국사	독해 인물편							1~4									
	한국사	독해 시대편							1~4									
계산력	수학	계산			1A	1B	2A	2B	3A	3B	4A	4B	5A	5B	6A	6B	7A	7B
교과서 문해력	전 과목	교과서가 술술 읽히는 서술어			1A	1B	2A	2B	3A	3B	4A	4B	5A	5B	6A	6B		
	사회	교과서 독해							3A	3B	4A	4B	5A	5B	6A	6B		
	수학	문장제 기본			1A	1B	2A	2B	3A	3B	4A	4B	5A	5B	6A	6B		
	수학	문장제 발전			1A	1B	2A	2B	3A	3B	4A	4B	5A	5B	6A	6B		
창의·사고력	전 과목	교과서 놀이 활동북	1~8															
	수학	입학 전 수학 놀이 활동북	P1 ~ P10															

* 완자 공부력 신간은 계속해서 출간됩니다.

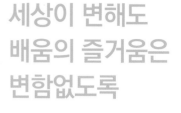

세상이 변해도
배움의 즐거움은
변함없도록

시대는 빠르게 변해도
배움의 즐거움은
변함없어야 하기에

어제의 비상은
남다른 교재부터
결이 다른 콘텐츠
전에 없던 교육 플랫폼까지

변함없는 혁신으로
교육 문화 환경의 새로운 전형을
실현해왔습니다.

비상은 오늘, 다시 한번
새로운 교육 문화 환경을 실현하기 위한
또 하나의 혁신을 시작합니다.

오늘의 내가 어제의 나를 초월하고
오늘의 교육이 어제의 교육을 초월하여
배움의 즐거움을 지속하는 혁신,

바로, 메타인지 기반 완전 학습을.

상상을 실현하는 교육 문화 기업 비상

메타인지 기반 완전 학습

초월을 뜻하는 meta와 생각을 뜻하는 인지가 결합한 메타인지는
자신이 알고 모르는 것을 스스로 구분하고 학습계획을 세우도록 하는
궁극의 학습 능력입니다. 비상의 메타인지 기반 완전 학습 시스템은
잠들어 있는 메타인지를 깨워 공부를 100% 내 것으로 만들도록 합니다.

완자 공부력

교과서 문해력 | 수학 문장제 발전 3B

정답과 해설

1. 곱셈

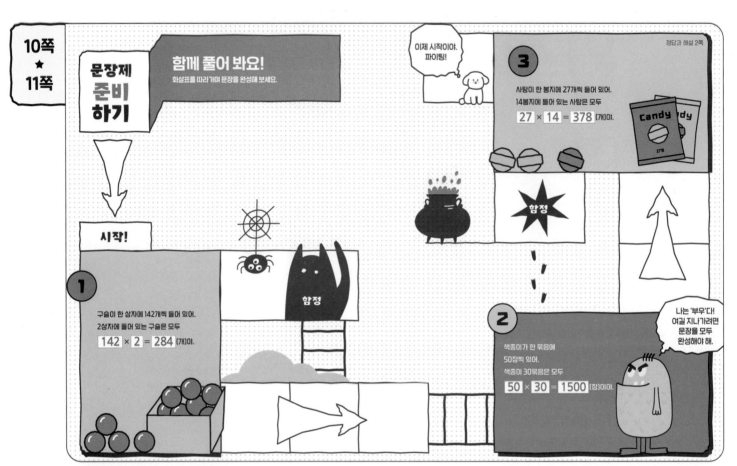

문장제 준비하기

함께 풀어 봐요!
화살표를 따라가며 문장을 완성해 보세요.

이제 시작이야. 파이팅!

3
사탕이 한 봉지에 27개씩 들어 있어.
14봉지에 들어 있는 사탕은 모두
$27 \times 14 = 378$ (개)야.

함정

나는 '부우'다!
여길 지나가려면
문장을 모두
완성해야 해.

시작!

1
구슬이 한 상자에 142개씩 들어 있어.
2상자에 들어 있는 구슬은 모두
$142 \times 2 = 284$ (개)야.

함정

2
색종이가 한 묶음에
50장씩 있어.
색종이 30묶음은 모두
$50 \times 30 = 1500$ (장)이야.

1일

문장제 연습하기
＊덧셈 또는 뺄셈하고 곱셈하기

공부한 날   월   일

1. 곱셈

정답과 해설 2쪽

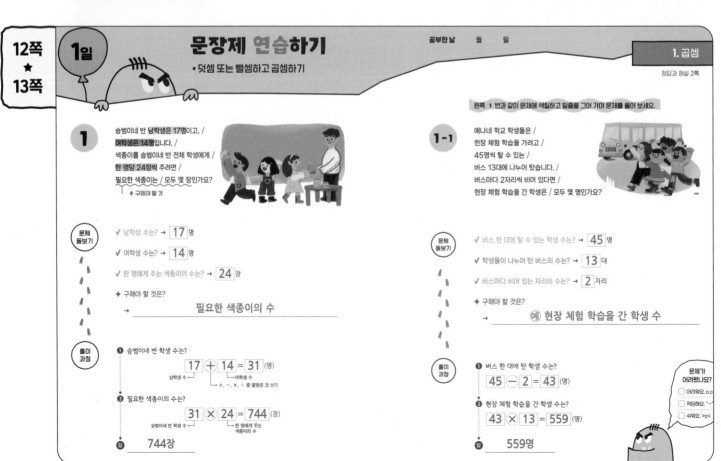

1
승범이네 반 남학생은 17명이고, /
여학생은 14명입니다. /
색종이를 승범이네 반 전체 학생에게 /
한 명당 24장씩 주려면 /
필요한 색종이는 / 모두 몇 장인가요?
└→ 구해야 할 것

왼쪽 **1** 번과 같이 문제에 색칠하고 밑줄을 그어 가며 문제를 풀어 보세요.

1-1
예나네 학교 학생들은 /
현장 체험 학습을 가려고 /
45명씩 탈 수 있는 /
버스 13대에 나누어 탔습니다. /
버스마다 2자리씩 비어 있다면 /
현장 체험 학습을 간 학생은 / 모두 몇 명인가요?

문제 돌보기

✓ 남학생 수는? → 17 명

✓ 여학생 수는? → 14 명

✓ 한 명에게 주는 색종이의 수는? → 24 장

✦ 구해야 할 것은?
→ ___필요한 색종이의 수___

문제 돌보기

✓ 버스 한 대에 탈 수 있는 학생 수는? → 45 명

✓ 학생들이 나누어 탄 버스의 수는? → 13 대

✓ 버스마다 비어 있는 자리의 수는? → 2 자리

✦ 구해야 할 것은?
→ ___예 현장 체험 학습을 간 학생 수___

풀이 과정

❶ 승범이네 반 학생 수는?
$17 \oplus 14 = 31$ (명)
남학생 수 └→ 여학생 수
＋, −, ×, ÷ 중 알맞은 것 쓰기

❷ 필요한 색종이의 수는?
$31 \times 24 = 744$ (장)
승범이네 반 학생 수 └→ 한 명에게 주는 색종이의 수

답 ___744장___

풀이 과정

❶ 버스 한 대에 탄 학생 수는?
$45 \ominus 2 = 43$ (명)

❷ 현장 체험 학습을 간 학생 수는?
$43 \times 13 = 559$ (명)

답 ___559명___

문제가
어려웠나요?
☐ 어려워요 0.0
☐ 적당해요 ^-^
☐ 쉬워요 >0<

왼쪽 **2** 번과 같이 문제에 색칠하고 밑줄을 그어 가며 문제를 풀어 보세요.

2 효석이가 밭에서 수확한 고추를 /
한 상자에 130개씩 4상자에 담고, /
한 봉지에 48개씩 12봉지에 담았습니다. /
상자와 봉지에 담은 고추는 / 모두 몇 개인가요?
→ 구해야 할 것

문제 돌보기

✓ 한 상자에 담은 고추의 수와 상자 수는?
→ 한 상자에 **130** 개씩 **4** 상자

✓ 한 봉지에 담은 고추의 수와 봉지 수는?
→ 한 봉지에 **48** 개씩 **12** 봉지

✦ 구해야 할 것은?
→ 상자와 봉지에 담은 고추의 수

풀이 과정

❶ 상자에 담은 고추의 수는?
130 ✕ **4** = **520** (개)

❷ 봉지에 담은 고추의 수는?
48 ✕ **12** = **576** (개)

❸ 전체 고추의 수는?
520 ➕ **576** = **1096** (개)
└ 상자에 담은 고추의 수   └ 봉지에 담은 고추의 수

답 1096개

2-1 한 자루에 26개씩 담긴 / 오이가 30자루 있었습니다. /
이 오이를 다시 한 자루에 39개씩 담아서 / 17자루를 팔았습니다. /
팔고 남은 오이는 / 몇 개인가요?

문제 돌보기

✓ 처음 한 자루에 담긴 오이의 수와 자루 수는?
→ 한 자루에 **26** 개씩 **30** 자루

✓ 다시 담아 판 한 자루에 담긴 오이의 수와 자루 수는?
→ 한 자루에 **39** 개씩 **17** 자루

✦ 구해야 할 것은?
→ ㈜ 팔고 남은 오이의 수

풀이 과정

❶ 처음 자루에 담긴 전체 오이의 수는?
26 ✕ **30** = **780** (개)

❷ 다시 담아 판 오이의 수는?
39 ✕ **17** = **663** (개)

❸ 팔고 남은 오이의 수는?
780 ➖ **663** = **117** (개)

답 117개

문제가 어려웠나요?
☐ 어려워요. o.o
☐ 적당해요. ˘−˘
☐ 쉬워요. >o<

문장제 실력 쌓기

*덧셈 또는 뺄셈하고 곱셈하기
*곱셈 결과의 합(차) 구하기

1. 곱셈

16쪽 ★ 17쪽

정답과 해설 3쪽

문제를 읽고 '연습하기'에서 했던 것처럼 밑줄을 그어 가며 문제를 풀어 보세요.

1 한 상자에 아몬드 70개와 잣 46개가 들어 있습니다.
5상자에 들어 있는 아몬드와 잣은 모두 몇 개인가요?

❶ 한 상자에 들어 있는 아몬드와 잣의 수는?
㈜ (한 상자에 들어 있는 아몬드의 수)+(한 상자에 들어 있는 잣의 수)
=70+46=116(개)

❷ 5상자에 들어 있는 아몬드와 잣의 수는?
㈜ (한 상자에 들어 있는 아몬드와 잣의 수)×(상자 수)
=116×5=580(개)

답 580개

2 과일 가게에 레몬이 한 상자에 109개씩 7상자와 한 상자에 162개씩 4상자가 있습니다.
과일 가게에 있는 레몬은 모두 몇 개인가요?

❶ 109개씩 7상자에 들어 있는 레몬의 수는?
㈜ 109×7=763(개)

❷ 162개씩 4상자에 들어 있는 레몬의 수는?
㈜ 162×4=648(개)

❸ 전체 레몬의 수는?
㈜ (109개씩 7상자에 들어 있는 레몬의 수)
+(162개씩 4상자에 들어 있는 레몬의 수)
=763+648=1411(개)

답 1411개

3 준혁이네 반 학생 31명이 한 명당 색종이를 22장씩
가지고 있었습니다.
학생마다 미술 시간에 색종이를 4장씩 사용했다면
준혁이네 반 학생들에게 남은 색종이는 몇 장인가요?

❶ 학생 한 명에게 남은 색종이의 수는?
㈜ (학생 한 명이 가지고 있던 색종이의 수)
−(학생 한 명이 사용한 색종이의 수)
=22−4=18(장)

❷ 준혁이네 반 학생들에게 남은 색종이의 수는?
㈜ (학생 한 명에게 남은 색종이의 수)×(준혁이네 반 학생 수)
=18×31=558(장)

답 558장

4 자전거는 한 시간에 18 km를 가고, 버스는 한 시간에 54 km를 간다고 합니다.
12시간 동안 버스가 갈 수 있는 거리는 자전거가 갈 수 있는 거리보다 몇 km 더 먼가요?

❶ 자전거가 12시간 동안 갈 수 있는 거리는?
㈜ (자전거가 한 시간에 갈 수 있는 거리)×12
=18×12=216(km)

❷ 버스가 12시간 동안 갈 수 있는 거리는?
㈜ (버스가 한 시간에 갈 수 있는 거리)×12
=54×12=648(km)

❸ 버스와 자전거가 갈 수 있는 거리의 차는?
㈜ (버스가 12시간 동안 갈 수 있는 거리)
−(자전거가 12시간 동안 갈 수 있는 거리)
=648−216=432(km)

답 432 km

문장제 연습하기

• 바르게 계산한 값 구하기

공부한 날   월   일

1. 곱셈

정답과 해설 4쪽

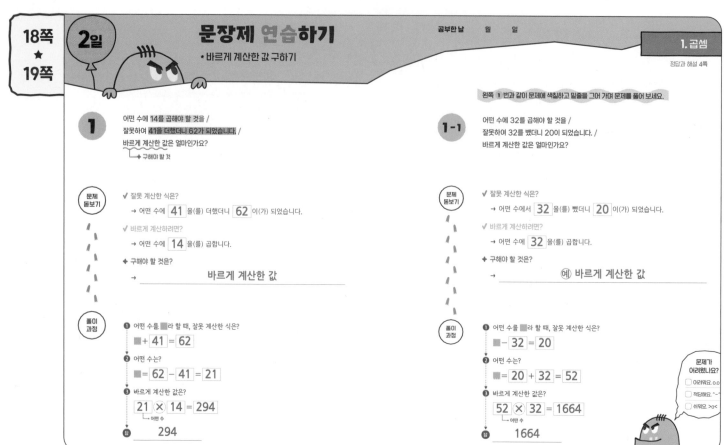

1 어떤 수에 **14**를 곱해야 할 것을 /
잘못하여 **41**을 더했더니 **62**가 되었습니다. /
바르게 계산한 값은 얼마인가요?
└→ 구해야 할 것

문제 돌보기

✔ 잘못 계산한 식은?
→ 어떤 수에 **41** 을(를) 더했더니 **62** 이(가) 되었습니다.

✔ 바르게 계산하려면?
→ 어떤 수에 **14** 을(를) 곱합니다.

✦ 구해야 할 것은?
→   바르게 계산한 값

풀이 과정

❶ 어떤 수를 ■라 할 때, 잘못 계산한 식은?
■ + 41 = 62

❷ 어떤 수는?
■ = 62 − 41 = 21

❸ 바르게 계산한 값은?
21 × 14 = 294
└→ 어떤 수

답   294

왼쪽 **1** 번과 같이 문제에 색칠하고 밑줄을 그어 가며 문제를 풀어 보세요.

1-1 어떤 수에 **32**를 곱해야 할 것을 /
잘못하여 **32**를 뺐더니 **20**이 되었습니다. /
바르게 계산한 값은 얼마인가요?

문제 돌보기

✔ 잘못 계산한 식은?
→ 어떤 수에서 **32** 을(를) 뺐더니 **20** 이(가) 되었습니다.

✔ 바르게 계산하려면?
→ 어떤 수에 **32** 을(를) 곱합니다.

✦ 구해야 할 것은?
→   예) 바르게 계산한 값

풀이 과정

❶ 어떤 수를 ■라 할 때, 잘못 계산한 식은?
■ − 32 = 20

❷ 어떤 수는?
■ = 20 + 32 = 52

❸ 바르게 계산한 값은?
52 × 32 = 1664
└→ 어떤 수

답   1664

문제가 어려웠나요?
☐ 어려워요. o.o
☐ 적당해요. ˘-˘
☐ 쉬워요. >o<

문장제 연습하기

• ☐ 안에 들어갈 수 있는 수 구하기

1. 곱셈

정답과 해설 4쪽

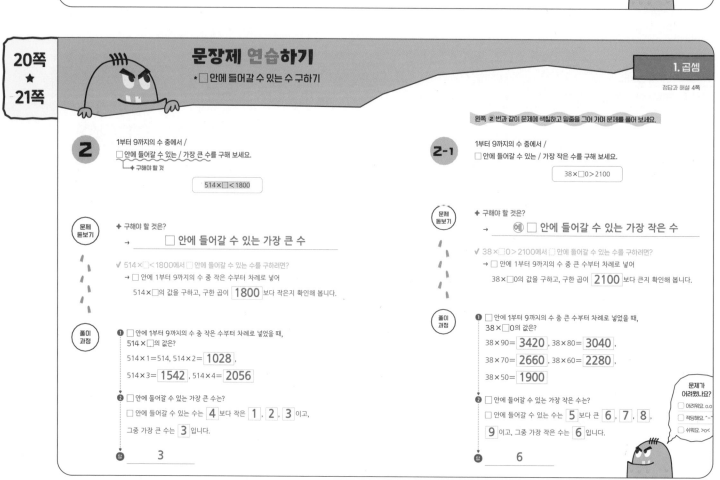

2 1부터 9까지의 수 중에서 /
☐ 안에 들어갈 수 있는 / 가장 큰 수를 구해 보세요.
└→ 구해야 할 것

514 × ☐ < 1800

문제 돌보기

✦ 구해야 할 것은?
→   ☐ 안에 들어갈 수 있는 가장 큰 수

✔ 514 × ☐ < 1800에서 ☐ 안에 들어갈 수 있는 수를 구하려면?
→ ☐ 안에 1부터 9까지의 수 중 작은 수부터 차례로 넣어
514 × ☐의 값을 구하고, 구한 곱이 **1800** 보다 작은지 확인해 봅니다.

풀이 과정

❶ ☐ 안에 1부터 9까지의 수 중 작은 수부터 차례로 넣었을 때,
514 × ☐의 값은?
514 × 1 = 514, 514 × 2 = **1028** ,
514 × 3 = **1542** , 514 × 4 = **2056**

❷ ☐ 안에 들어갈 수 있는 가장 큰 수는?
☐ 안에 들어갈 수 있는 수는 **4** 보다 작은 **1** , **2** , **3** 이고,
그중 가장 큰 수는 **3** 입니다.

답   3

왼쪽 **2** 번과 같이 문제에 색칠하고 밑줄을 그어 가며 문제를 풀어 보세요.

2-1 1부터 9까지의 수 중에서 /
☐ 안에 들어갈 수 있는 / 가장 작은 수를 구해 보세요.

38 × ☐ > 2100

문제 돌보기

✦ 구해야 할 것은?
→   예) ☐ 안에 들어갈 수 있는 가장 작은 수

✔ 38 × ☐ > 2100에서 ☐ 안에 들어갈 수 있는 수를 구하려면?
→ ☐ 안에 1부터 9까지의 수 중 큰 수부터 차례로 넣어
38 × ☐의 값을 구하고, 구한 곱이 **2100** 보다 큰지 확인해 봅니다.

풀이 과정

❶ ☐ 안에 1부터 9까지의 수 중 큰 수부터 차례로 넣었을 때,
38 × ☐의 값은?
38 × 90 = **3420** , 38 × 80 = **3040**
38 × 70 = **2660** , 38 × 60 = **2280**
38 × 50 = **1900**

❷ ☐ 안에 들어갈 수 있는 가장 작은 수는?
☐ 안에 들어갈 수 있는 수는 **5** 보다 큰 **6** , **7** , **8** ,
9 이고, 그중 가장 작은 수는 **6** 입니다.

답   6

문제가 어려웠나요?
☐ 어려워요. o.o
☐ 적당해요. ˘-˘
☐ 쉬워요. >o<

문장제 실력 쌓기

* 바르게 계산한 값 구하기
* □ 안에 들어갈 수 있는 수 구하기

정답과 해설 5쪽

문제를 읽고 '연습하기'에서 했던 것처럼 밑줄을 그어 가며 문제를 풀어 보세요.

1 어떤 수에 28을 곱해야 할 것을 잘못하여 82를 더했더니 87이 되었습니다.
바르게 계산한 값은 얼마인가요?

❶ 어떤 수를 ■라 할 때, 잘못 계산한 식은?
(예) ■＋82＝87

❷ 어떤 수는?
(예) ■＝87−82＝5

❸ 바르게 계산한 값은?
(예) 5×28＝140

답 ___140___

2 1부터 9까지의 수 중에서 □ 안에 들어갈 수 있는 가장 큰 수를 구해 보세요.

$$\boxed{□×93 < 400}$$

❶ □ 안에 1부터 9까지의 수 중 작은 수부터 차례로 넣었을 때, □×93의 값은?
(예) 1×93＝93, 2×93＝186, 3×93＝279,
4×93＝372, 5×93＝465

❷ □ 안에 들어갈 수 있는 가장 큰 수는?
(예) □ 안에 들어갈 수 있는 수는 5보다 작은 1, 2, 3, 4이고,
그중 가장 큰 수는 4입니다.

답 ___4___

3 어떤 수에 40을 곱해야 할 것을 잘못하여 40을 뺐더니 13이 되었습니다.
바르게 계산한 값은 얼마인가요?

❶ 어떤 수를 ■라 할 때, 잘못 계산한 식은?
(예) ■−40＝13

❷ 어떤 수는?
(예) ■＝13＋40＝53

❸ 바르게 계산한 값은?
(예) 53×40＝2120

답 ___2120___

4 1부터 9까지의 수 중에서 □ 안에 들어갈 수 있는 가장 작은 수를 구해 보세요.

$$\boxed{24×□1 > 1500}$$

❶ □ 안에 1부터 9까지의 수 중 큰 수부터 차례로 넣었을 때, 24×□1의 값은?
(예) 24×91＝2184, 24×81＝1944, 24×71＝1704,
24×61＝1464

❷ □ 안에 들어갈 수 있는 가장 작은 수는?
(예) □ 안에 들어갈 수 있는 수는 6보다 큰 7, 8, 9이고,
그중 가장 작은 수는 7입니다.

답 ___7___

3일

문장제 연습하기

* 이어 붙인 색 테이프의
  전체 길이 구하기

공부한 날   월   일

1. 곱셈

24쪽 ★ 25쪽

정답과 해설 5쪽

왼쪽 **1**번과 같이 문제에 색칠하고 밑줄을 그어 가며 문제를 풀어 보세요.

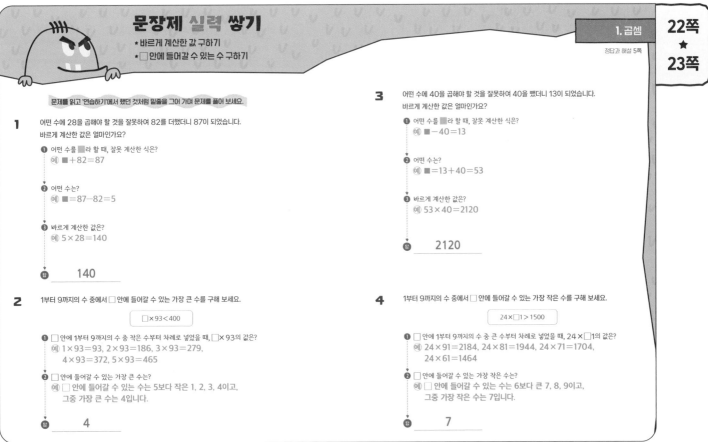

1 길이가 16 cm인 색 테이프 18장을 /
그림과 같이 **4 cm씩 겹쳐서** / 한 줄로 길게 이어 붙였습니다. /
이어 붙인 색 테이프의 전체 길이는 / 몇 cm인가요?
→ 구해야 할 것

16 cm   16 cm
4 cm   4 cm   ...

문제 돋보기

✔ 이어 붙인 색 테이프의 길이와 색 테이프의 수는?
→ 각 색 테이프의 길이: **16** cm, 색 테이프의 수: **18** 장

✔ 겹쳐진 부분의 길이는? → **4** cm

✚ 구해야 할 것은?
→ ___이어 붙인 색 테이프의 전체 길이___

풀이 과정

❶ 색 테이프 18장의 길이의 합은?
16 **×** **18** ＝ **288** (cm)
└ 색 테이프 한 장의 길이

❷ 겹쳐진 부분의 길이의 합은?
겹쳐진 부분은 **18** −1＝ **17** (군데)이므로 겹쳐진 부분의 길이의 합
→ 이어 붙인 색 테이프의 수에서 1을 뺍니다.
4 × **17** ＝ **68** (cm)입니다.

❸ 이어 붙인 색 테이프의 전체 길이는?
288 − **68** ＝ **220** (cm)
└ 색 테이프 18장의 길이의 합 └ 겹쳐진 부분의 길이의 합

답 ___220 cm___

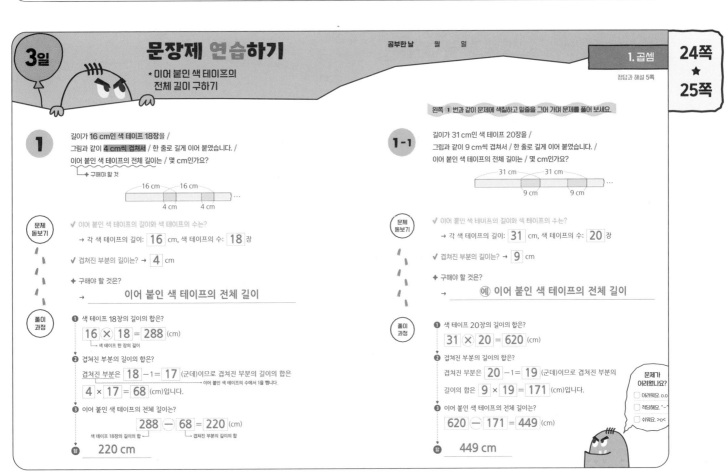

1-1 길이가 31 cm인 색 테이프 20장을 /
그림과 같이 9 cm씩 겹쳐서 / 한 줄로 길게 이어 붙였습니다. /
이어 붙인 색 테이프의 전체 길이는 / 몇 cm인가요?

31 cm   31 cm
9 cm   9 cm   ...

문제 돋보기

✔ 이어 붙인 색 테이프의 길이와 색 테이프의 수는?
→ 각 색 테이프의 길이: **31** cm, 색 테이프의 수: **20** 장

✔ 겹쳐진 부분의 길이는? → **9** cm

✚ 구해야 할 것은?
→ (예) 이어 붙인 색 테이프의 전체 길이

풀이 과정

❶ 색 테이프 20장의 길이의 합은?
31 **×** **20** ＝ **620** (cm)

❷ 겹쳐진 부분의 길이의 합은?
겹쳐진 부분은 **20** −1＝ **19** (군데)이므로 겹쳐진 부분의
길이의 합은 **9** × **19** ＝ **171** (cm)입니다.

❸ 이어 붙인 색 테이프의 전체 길이는?
620 − **171** ＝ **449** (cm)

답 ___449 cm___

문제가 어려웠나요?
☐ 어려워요. o.o
☐ 적당해요. ^-^
☐ 쉬워요. >o<

문장제 연습하기
*수 카드로 곱셈식 만들기

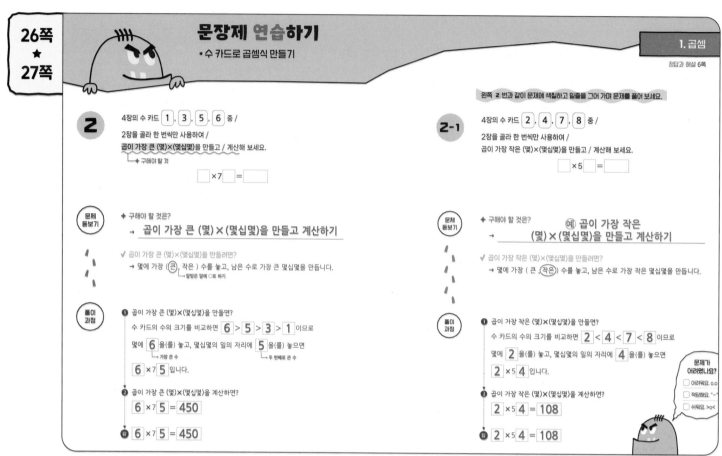

2 4장의 수 카드 [1], [3], [5], [6] 중 /

2장을 골라 한 번씩만 사용하여 /

곱이 가장 큰 (몇)×(몇십몇)을 만들고 / 계산해 보세요.
 ↳ 구해야 할 것

☐ ×7 ☐ = ☐

문제 돋보기

✦ 구해야 할 것은?

→ 곱이 가장 큰 (몇)×(몇십몇)을 만들고 계산하기

✓ 곱이 가장 큰 (몇)×(몇십몇)을 만들려면?

→ 몇에 가장 (큰 , 작은) 수를 놓고, 남은 수로 가장 큰 몇십몇을 만듭니다.
 ↳ 알맞은 말에 ○표 하기

풀이 과정

❶ 곱이 가장 큰 (몇)×(몇십몇)을 만들면?

수 카드의 수의 크기를 비교하면 6 > 5 > 3 > 1 이므로

몇에 6 을(를) 놓고, 몇십몇의 일의 자리에 5 을(를) 놓으면
 ↳ 가장 큰 수   ↳ 두 번째로 큰 수

6 ×7 5 입니다.

❷ 곱이 가장 큰 (몇)×(몇십몇)을 계산하면?

6 ×7 5 = 450

답 6 ×7 5 = 450

2-1 4장의 수 카드 [2], [4], [7], [8] 중 /

2장을 골라 한 번씩만 사용하여 /

곱이 가장 작은 (몇)×(몇십몇)을 만들고 / 계산해 보세요.

왼쪽 2번과 같이 문제에 색칠하고 밑줄을 그어 가며 문제를 풀어 보세요.

☐ ×5 ☐ = ☐

문제 돋보기

✦ 구해야 할 것은?

→ 예 곱이 가장 작은 (몇)×(몇십몇)을 만들고 계산하기

✓ 곱이 가장 작은 (몇)×(몇십몇)을 만들려면?

→ 몇에 가장 (큰 , 작은) 수를 놓고, 남은 수로 가장 작은 몇십몇을 만듭니다.

풀이 과정

❶ 곱이 가장 작은 (몇)×(몇십몇)을 만들면?

수 카드의 수의 크기를 비교하면 2 < 4 < 7 < 8 이므로

몇에 2 을(를) 놓고, 몇십몇의 일의 자리에 4 을(를) 놓으면

2 ×5 4 입니다.

❷ 곱이 가장 작은 (몇)×(몇십몇)을 계산하면?

2 ×5 4 = 108

답 2 ×5 4 = 108

문제가 어려웠나요?
☐ 어려워요. o.o
☐ 적당해요. ^-^
☐ 쉬워요. >o<

문장제 실력 쌓기
*이어 붙인 색 테이프의 전체 길이 구하기
*수 카드로 곱셈식 만들기

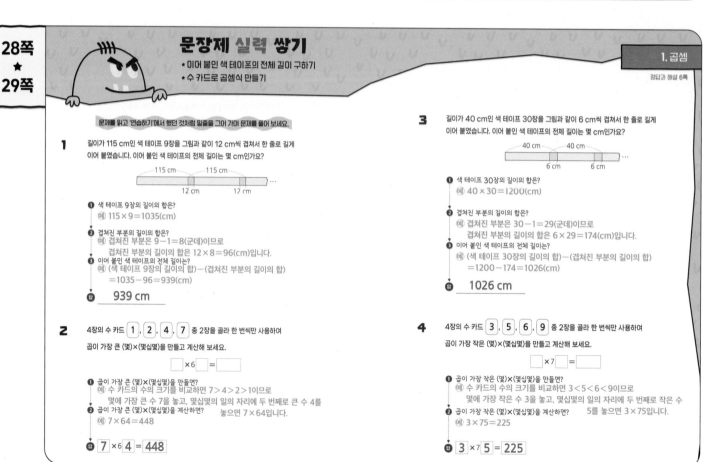

문제를 읽고 '연습하기'에서 했던 것처럼 밑줄을 그어 가며 문제를 풀어 보세요.

1 길이가 115 cm인 색 테이프 9장을 그림과 같이 12 cm씩 겹쳐서 한 줄로 길게 이어 붙였습니다. 이어 붙인 색 테이프의 전체 길이는 몇 cm인가요?

115 cm 115 cm
12 cm   12 cm

❶ 색 테이프 9장의 길이의 합은?
예 115×9=1035(cm)

❷ 겹쳐진 부분의 길이의 합은?
예 겹쳐진 부분은 9−1=8(군데)이므로
겹쳐진 부분의 길이의 합은 12×8=96(cm)입니다.

❸ 이어 붙인 색 테이프의 전체 길이는?
예 (색 테이프 9장의 길이의 합)−(겹쳐진 부분의 길이의 합)
=1035−96=939(cm)

답 939 cm

2 4장의 수 카드 [1], [2], [4], [7] 중 2장을 골라 한 번씩만 사용하여

곱이 가장 큰 (몇)×(몇십몇)을 만들고 계산해 보세요.

☐ ×6 ☐ = ☐

❶ 곱이 가장 큰 (몇)×(몇십몇)을 만들면?
예 수 카드의 수의 크기를 비교하면 7>4>2>1이므로
몇에 가장 큰 수 7을 놓고, 몇십몇의 일의 자리에 두 번째로 큰 수 4를
놓으면 7×64입니다.

❷ 곱이 가장 큰 (몇)×(몇십몇)을 계산하면?
예 7×64=448

답 7 ×6 4 = 448

3 길이가 40 cm인 색 테이프 30장을 그림과 같이 6 cm씩 겹쳐서 한 줄로 길게 이어 붙였습니다. 이어 붙인 색 테이프의 전체 길이는 몇 cm인가요?

40 cm 40 cm
6 cm   6 cm

❶ 색 테이프 30장의 길이의 합은?
예 40×30=1200(cm)

❷ 겹쳐진 부분의 길이의 합은?
예 겹쳐진 부분은 30−1=29(군데)이므로
겹쳐진 부분의 길이의 합은 6×29=174(cm)입니다.

❸ 이어 붙인 색 테이프의 전체 길이는?
예 (색 테이프 30장의 길이의 합)−(겹쳐진 부분의 길이의 합)
=1200−174=1026(cm)

답 1026 cm

4 4장의 수 카드 [3], [5], [6], [9] 중 2장을 골라 한 번씩만 사용하여

곱이 가장 작은 (몇)×(몇십몇)을 만들고 계산해 보세요.

☐ ×7 ☐ = ☐

❶ 곱이 가장 작은 (몇)×(몇십몇)을 만들면?
예 수 카드의 수의 크기를 비교하면 3<5<6<9이므로
몇에 가장 작은 수 3을 놓고, 몇십몇의 일의 자리에 두 번째로 작은 수
5를 놓으면 3×75입니다.

❷ 곱이 가장 작은 (몇)×(몇십몇)을 계산하면?
예 3×75=225

답 3 ×7 5 = 225

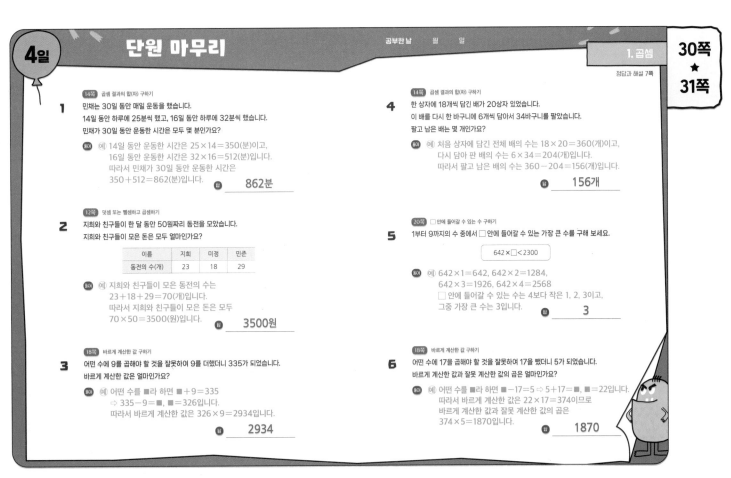

1 14쪽 곱셈 결과의 합(차) 구하기

민채는 30일 동안 매일 운동을 했습니다.
14일 동안 하루에 25분씩 했고, 16일 동안 하루에 32분씩 했습니다.
민채가 30일 동안 운동한 시간은 모두 몇 분인가요?

풀이 예 14일 동안 운동한 시간은 $25 \times 14 = 350$(분)이고,
16일 동안 운동한 시간은 $32 \times 16 = 512$(분)입니다.
따라서 민채가 30일 동안 운동한 시간은
$350 + 512 = 862$(분)입니다.

답 __862분__

2 12쪽 덧셈 또는 뺄셈하고 곱셈하기

지희와 친구들이 한 달 동안 50원짜리 동전을 모았습니다.
지희와 친구들이 모은 돈은 모두 얼마인가요?

이름	지희	미경	민준
동전의 수(개)	23	18	29

풀이 예 지희와 친구들이 모은 동전의 수는
$23 + 18 + 29 = 70$(개)입니다.
따라서 지희와 친구들이 모은 돈은 모두
$70 \times 50 = 3500$(원)입니다.

답 __3500원__

3 18쪽 바르게 계산한 값 구하기

어떤 수에 9를 곱해야 할 것을 잘못하여 9를 더했더니 335가 되었습니다.
바르게 계산한 값은 얼마인가요?

풀이 예 어떤 수를 ■라 하면 $■ + 9 = 335$
$\Rightarrow 335 - 9 = ■$, $■ = 326$입니다.
따라서 바르게 계산한 값은 $326 \times 9 = 2934$입니다.

답 __2934__

4 14쪽 곱셈 결과의 합(차) 구하기

한 상자에 18개씩 담긴 배가 20상자 있었습니다.
이 배를 다시 한 바구니에 6개씩 담아서 34바구니를 팔았습니다.
팔고 남은 배는 몇 개인가요?

풀이 예 처음 상자에 담긴 전체 배의 수는 $18 \times 20 = 360$(개)이고,
다시 담아 판 배의 수는 $6 \times 34 = 204$(개)입니다.
따라서 팔고 남은 배의 수는 $360 - 204 = 156$(개)입니다.

답 __156개__

5 20쪽 □ 안에 들어갈 수 있는 수 구하기

1부터 9까지의 수 중에서 □ 안에 들어갈 수 있는 가장 큰 수를 구해 보세요.

$642 \times □ < 2300$

풀이 예 $642 \times 1 = 642$, $642 \times 2 = 1284$,
$642 \times 3 = 1926$, $642 \times 4 = 2568$
□ 안에 들어갈 수 있는 수는 4보다 작은 1, 2, 3이고,
그중 가장 큰 수는 3입니다.

답 __3__

6 18쪽 바르게 계산한 값 구하기

어떤 수에 17을 곱해야 할 것을 잘못하여 17을 뺐더니 5가 되었습니다.
바르게 계산한 값과 잘못 계산한 값의 곱은 얼마인가요?

풀이 예 어떤 수를 ■라 하면 $■ - 17 = 5 \Rightarrow 5 + 17 = ■$, $■ = 22$입니다.
따라서 바르게 계산한 값은 $22 \times 17 = 374$이므로
바르게 계산한 값과 잘못 계산한 값의 곱은
$374 \times 5 = 1870$입니다.

답 __1870__

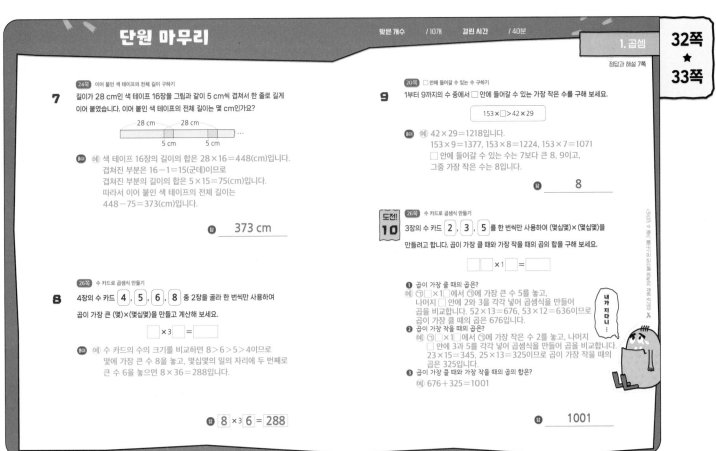

7 24쪽 이어 붙인 색 테이프의 전체 길이 구하기

길이가 28 cm인 색 테이프 16장을 그림과 같이 5 cm씩 겹쳐서 한 줄로 길게
이어 붙였습니다. 이어 붙인 색 테이프의 전체 길이는 몇 cm인가요?

풀이 예 색 테이프 16장의 길이의 합은 $28 \times 16 = 448$(cm)입니다.
겹쳐진 부분은 $16 - 1 = 15$(군데)이므로
겹쳐진 부분의 길이의 합은 $5 \times 15 = 75$(cm)입니다.
따라서 이어 붙인 색 테이프의 전체 길이는
$448 - 75 = 373$(cm)입니다.

답 __373 cm__

8 26쪽 수 카드로 곱셈식 만들기

4장의 수 카드 4, 5, 6, 8 중 2장을 골라 한 번씩만 사용하여
곱이 가장 큰 (몇)×(몇십몇)을 만들고 계산해 보세요.

□ × 3 □ = □

풀이 예 수 카드의 수의 크기를 비교하면 $8 > 6 > 5 > 4$이므로
몇에 가장 큰 수 8을 놓고, 몇십몇의 일의 자리에 두 번째로
큰 수 6을 놓으면 $8 \times 36 = 288$입니다.

답 $8 \times 3\boxed{6} = 288$

9 20쪽 □ 안에 들어갈 수 있는 수 구하기

1부터 9까지의 수 중에서 □ 안에 들어갈 수 있는 가장 작은 수를 구해 보세요.

$153 \times □ > 42 \times 29$

풀이 예 $42 \times 29 = 1218$입니다.
$153 \times 9 = 1377$, $153 \times 8 = 1224$, $153 \times 7 = 1071$
□ 안에 들어갈 수 있는 수는 7보다 큰 8, 9이고,
그중 가장 작은 수는 8입니다.

답 __8__

도전! 10 26쪽 수 카드로 곱셈식 만들기

3장의 수 카드 2, 3, 5 를 한 번씩만 사용하여 (몇십몇)×(몇십몇)을
만들려고 합니다. 곱이 가장 클 때와 가장 작을 때의 곱의 합을 구해 보세요.

□ × 1 □ = □

❶ 곱이 가장 클 때의 곱은?
예 ⑤ □ × 1 □ 에서 ⑤에 가장 큰 수 5를 놓고,
나머지 □ 안에 2와 3을 각각 넣어 곱셈식을 만들어
곱을 비교합니다. $52 \times 13 = 676$, $53 \times 12 = 636$이므로
곱이 가장 클 때의 곱은 676입니다.
❷ 곱이 가장 작을 때의 곱은?
예 □ × 1 □ 에서 ⑤에 가장 작은 수 2를 놓고, 나머지
□ 안에 3과 5를 각각 넣어 곱셈식을 만들어 곱을 비교합니다.
$23 \times 15 = 345$, $25 \times 13 = 325$이므로 곱이 가장 작을 때의
곱은 325입니다.
❸ 곱이 가장 클 때와 가장 작을 때의 곱의 합은?
예 $676 + 325 = 1001$

답 __1001__

2. 나눗셈

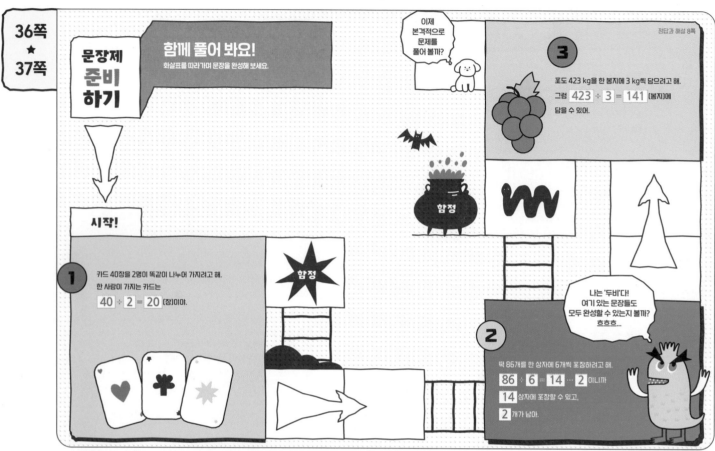

문장제 준비하기

함께 풀어 봐요!
화살표를 따라가며 문장을 완성해 보세요.

이제 본격적으로 문제를 풀어 볼까?

정답과 해설 8쪽

3
포도 423 kg을 한 봉지에 3 kg씩 담으려고 해.
그럼 423 ÷ 3 = 141 (봉지)에 담을 수 있어.

시작!

함정

1
카드 40장을 2명이 똑같이 나누어 가지려고 해.
한 사람이 가지는 카드는
40 ÷ 2 = 20 (장)이야.

함정

나는 '두비'다!
여기 있는 문장들도
모두 완성할 수 있는지 볼까?
ㅎㅎㅎ...

2
떡 86개를 한 상자에 6개씩 포장하려고 해.
86 ÷ 6 = 14 ... 2 이니까
14 상자에 포장할 수 있고,
2 개가 남아.

5일 **문장제 연습하기**
★ 덧셈 또는 뺄셈하고 나눗셈하기

공부한 날   월   일

2. 나눗셈
정답과 해설 8쪽

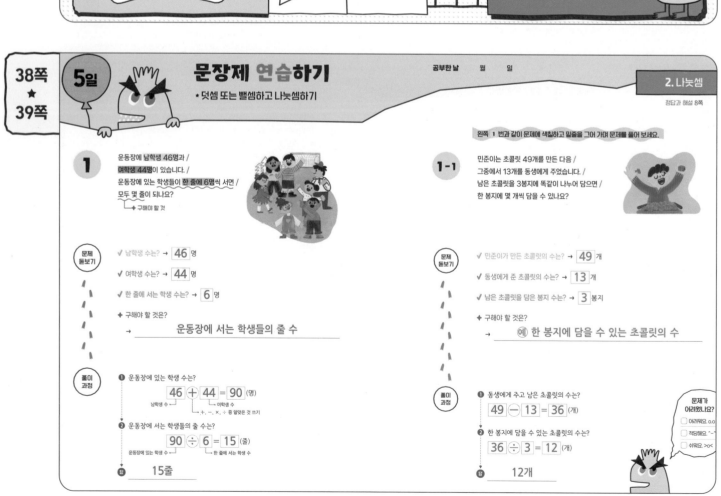

왼쪽 1 번과 같이 문제에 색칠하고 밑줄을 그어 가며 문제를 풀어 보세요.

1
운동장에 남학생 46명과 /
여학생 44명이 있습니다. /
운동장에 있는 학생들이 한 줄에 6명씩 서면 /
모두 몇 줄이 되나요?
→ 구해야 할 것

문제 돋보기
✔ 남학생 수는? → 46 명
✔ 여학생 수는? → 44 명
✔ 한 줄에 서는 학생 수는? → 6 명
✦ 구해야 할 것은?
→ 운동장에 서는 학생들의 줄 수

풀이 과정
❶ 운동장에 있는 학생 수는?
46 + 44 = 90 (명)
남학생 수 ┘   └ 여학생 수
+, −, ×, ÷ 중 알맞은 것 쓰기
❷ 운동장에 서는 학생들의 줄 수는?
90 ÷ 6 = 15 (줄)
운동장에 있는 학생 수 ┘   └ 한 줄에 서는 학생 수
답 15줄

1-1
민준이는 초콜릿 49개를 만든 다음 /
그중에서 13개를 동생에게 주었습니다. /
남은 초콜릿을 3봉지에 똑같이 나누어 담으면 /
한 봉지에 몇 개씩 담을 수 있나요?

문제 돋보기
✔ 민준이가 만든 초콜릿의 수는? → 49 개
✔ 동생에게 준 초콜릿의 수는? → 13 개
✔ 남은 초콜릿을 담은 봉지 수는? → 3 봉지
✦ 구해야 할 것은?
→ 예 한 봉지에 담을 수 있는 초콜릿의 수

풀이 과정
❶ 동생에게 주고 남은 초콜릿의 수는?
49 − 13 = 36 (개)
❷ 한 봉지에 담을 수 있는 초콜릿의 수는?
36 ÷ 3 = 12 (개)
답 12개

문제가 어려웠나요?
☐ 어려워요. ㅇ.ㅇ
☐ 적당해요. ˘~˘
☐ 쉬워요. >.<

문장제 연습하기
*곱셈하고 나눗셈하기

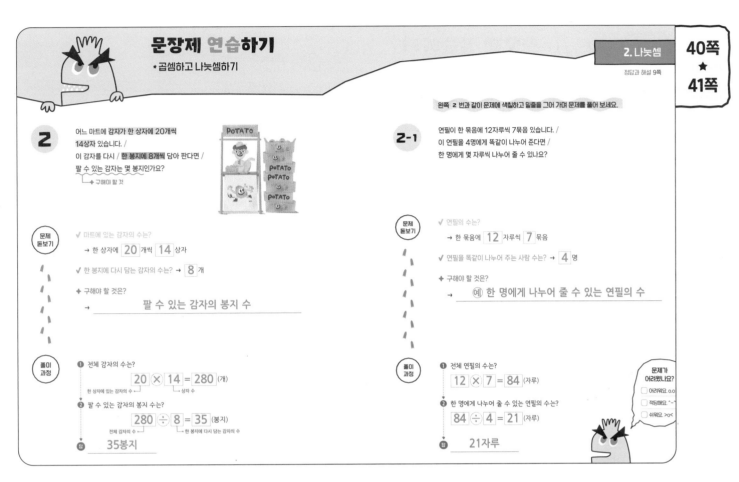

2 어느 마트에 감자가 한 상자에 20개씩 14상자 있습니다. / 이 감자를 다시 / 한 봉지에 8개씩 담아 판다면 / 팔 수 있는 감자는 몇 봉지인가요?
└─ 구해야 할 것

문제 돋보기

✓ 마트에 있는 감자의 수는?
→ 한 상자에 20 개씩 14 상자

✓ 한 봉지에 다시 담는 감자의 수는? → 8 개

✦ 구해야 할 것은?
→ 팔 수 있는 감자의 봉지 수

풀이 과정

❶ 전체 감자의 수는?
20 × 14 = 280 (개)
한 상자에 있는 감자의 수   상자 수

❷ 팔 수 있는 감자의 봉지 수는?
280 ÷ 8 = 35 (봉지)
전체 감자의 수   한 봉지에 다시 담는 감자의 수

답 35봉지

왼쪽 **2** 번과 같이 문제를 색칠하고 밑줄을 그어 가며 문제를 풀어 보세요.

2-1 연필이 한 묶음에 12자루씩 7묶음 있습니다. / 이 연필을 4명에게 똑같이 나누어 준다면 / 한 명에게 몇 자루씩 나누어 줄 수 있나요?

문제 돋보기

✓ 연필의 수는?
→ 한 묶음에 12 자루씩 7 묶음

✓ 연필을 똑같이 나누어 주는 사람 수는? → 4 명

✦ 구해야 할 것은?
→ 예 한 명에게 나누어 줄 수 있는 연필의 수

풀이 과정

❶ 전체 연필의 수는?
12 × 7 = 84 (자루)

❷ 한 명에게 나누어 줄 수 있는 연필의 수는?
84 ÷ 4 = 21 (자루)

답 21자루

문제가 어려웠나요?
☐ 어려워요. o.o
☐ 적당해요. ˇ-ˇ
☐ 쉬워요. >o<

문장제 실력 쌓기
*덧셈 또는 뺄셈하고 나눗셈하기
*곱셈하고 나눗셈하기

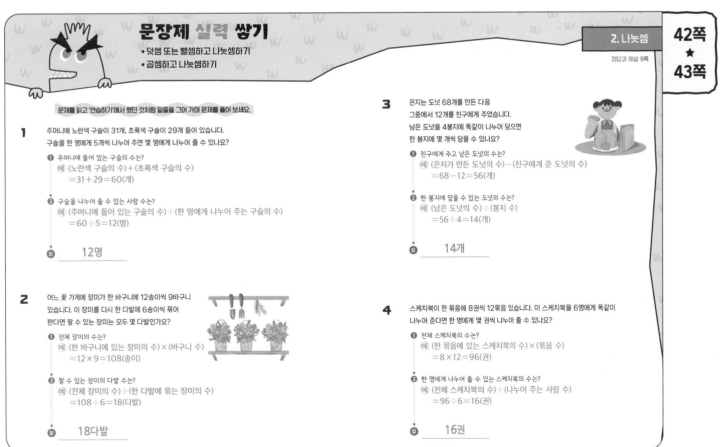

문제를 읽고 '연습하기'에서 했던 것처럼 밑줄을 그어 가며 문제를 풀어 보세요.

1 주머니에 노란색 구슬이 31개, 초록색 구슬이 29개 들어 있습니다. 구슬을 한 명에게 5개씩 나누어 주면 몇 명에게 나누어 줄 수 있나요?

❶ 주머니에 들어 있는 구슬의 수는?
예 (노란색 구슬의 수)＋(초록색 구슬의 수)
＝31＋29＝60(개)

❷ 구슬을 나누어 줄 수 있는 사람 수는?
예 (주머니에 들어 있는 구슬의 수)÷(한 명에게 나누어 주는 구슬의 수)
＝60÷5＝12(명)

답 12명

2 어느 꽃 가게에 장미가 한 바구니에 12송이씩 9바구니 있습니다. 이 장미를 다시 한 다발에 6송이씩 묶어 판다면 팔 수 있는 장미는 모두 몇 다발인가요?

❶ 전체 장미의 수는?
예 (한 바구니에 있는 장미의 수)×(바구니 수)
＝12×9＝108(송이)

❷ 팔 수 있는 장미의 다발 수는?
예 (전체 장미의 수)÷(한 다발에 묶는 장미의 수)
＝108÷6＝18(다발)

답 18다발

3 은지는 도넛 68개를 만든 다음 그중에서 12개를 친구에게 주었습니다. 남은 도넛을 4봉지에 똑같이 나누어 담으면 한 봉지에 몇 개씩 담을 수 있나요?

❶ 친구에게 주고 남은 도넛의 수는?
예 (은지가 만든 도넛의 수)－(친구에게 준 도넛의 수)
＝68－12＝56(개)

❷ 한 봉지에 담을 수 있는 도넛의 수는?
예 (남은 도넛의 수)÷(봉지 수)
＝56÷4＝14(개)

답 14개

4 스케치북이 한 묶음에 8권씩 12묶음 있습니다. 이 스케치북을 6명에게 똑같이 나누어 준다면 한 명에게 몇 권씩 나누어 줄 수 있나요?

❶ 전체 스케치북의 수는?
예 (한 묶음에 있는 스케치북의 수)×(묶음 수)
＝8×12＝96(권)

❷ 한 명에게 나누어 줄 수 있는 스케치북의 수는?
예 (전체 스케치북의 수)÷(나누어 주는 사람 수)
＝96÷6＝16(권)

답 16권

6일

문장제 연습하기

*적어도 얼마나 필요한지 구하기

공부한 날   월   일

정답과 해설 10쪽

왼쪽 **1** 번과 같이 문제에 색칠하고 밑줄을 그어 가며 문제를 풀어 보세요.

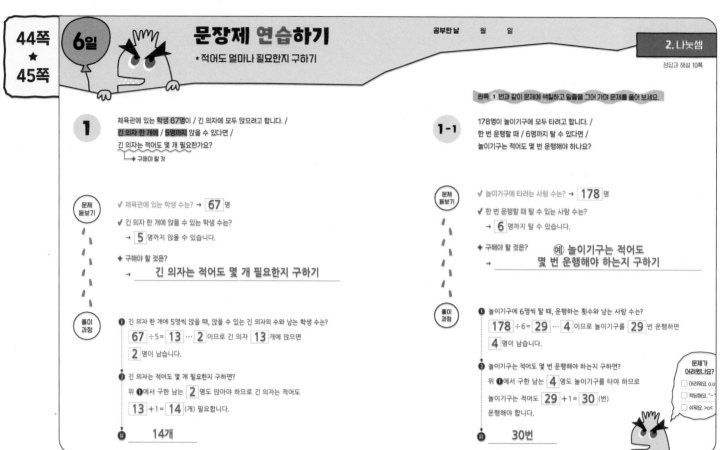

1

체육관에 있는 학생 67명이 / 긴 의자에 모두 앉으려고 합니다. /
긴 의자 한 개에 / 5명까지 앉을 수 있다면 /
긴 의자는 적어도 몇 개 필요한가요?
└→ 구해야 할 것

문제 돌보기

✓ 체육관에 있는 학생 수는? → **67** 명

✓ 긴 의자 한 개에 앉을 수 있는 학생 수는?
→ **5** 명까지 앉을 수 있습니다.

✦ 구해야 할 것은?
→ 긴 의자는 적어도 몇 개 필요한지 구하기

풀이 과정

❶ 긴 의자 한 개에 5명씩 앉을 때, 앉을 수 있는 긴 의자의 수와 남는 학생 수는?
67 ÷5= **13** … **2** 이므로 긴 의자 **13** 개에 앉으면
2 명이 남습니다.

❷ 긴 의자는 적어도 몇 개 필요한지 구하면?
위 ❶에서 구한 남는 **2** 명도 앉아야 하므로 긴 의자는 적어도
13 +1= **14** (개) 필요합니다.

답 __14개__

1-1

178명이 놀이기구에 모두 타려고 합니다. /
한 번 운행할 때 / 6명까지 탈 수 있다면 /
놀이기구는 적어도 몇 번 운행해야 하나요?

문제 돌보기

✓ 놀이기구에 타려는 사람 수는? → **178** 명

✓ 한 번 운행할 때 탈 수 있는 사람 수는?
→ **6** 명까지 탈 수 있습니다.

✦ 구해야 할 것은?
→ ⑩ 놀이기구는 적어도
몇 번 운행해야 하는지 구하기

풀이 과정

❶ 놀이기구에 6명씩 탈 때, 운행하는 횟수와 남는 사람 수는?
178 ÷6= **29** … **4** 이므로 놀이기구를 **29** 번 운행하면
4 명이 남습니다.

❷ 놀이기구는 적어도 몇 번 운행해야 하는지 구하면?
위 ❶에서 구한 남는 **4** 명도 놀이기구를 타야 하므로
놀이기구는 적어도 **29** +1= **30** (번)
운행해야 합니다.

답 __30번__

문제가 어려웠나요?
◯ 어려워요. o.o
◯ 적당해요. ˇ-ˇ
◯ 쉬워요. >o<

문장제 연습하기

*남김없이 나누려고 할 때
더 필요한 양 구하기

정답과 해설 10쪽

왼쪽 **2** 번과 같이 문제에 색칠하고 밑줄을 그어 가며 문제를 풀어 보세요.

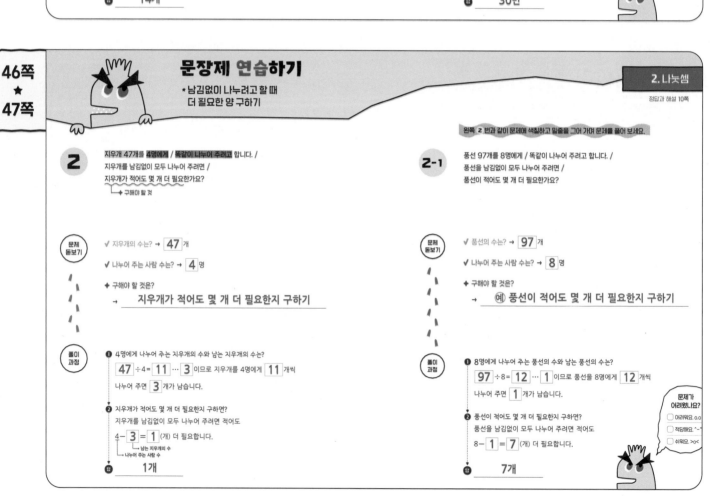

2

지우개 47개를 4명에게 / 똑같이 나누어 주려고 합니다. /
지우개를 남김없이 모두 나누어 주려면 /
지우개가 적어도 몇 개 더 필요한가요?
└→ 구해야 할 것

문제 돌보기

✓ 지우개의 수는? → **47** 개

✓ 나누어 주는 사람 수는? → **4** 명

✦ 구해야 할 것은?
→ 지우개가 적어도 몇 개 더 필요한지 구하기

풀이 과정

❶ 4명에게 나누어 주는 지우개의 수와 남는 지우개의 수는?
47 ÷4= **11** … **3** 이므로 지우개를 4명에게 **11** 개씩
나누어 주면 **3** 개가 남습니다.

❷ 지우개가 적어도 몇 개 더 필요한지 구하면?
지우개를 남김없이 모두 나누어 주려면 적어도
4- **3** = **1** (개) 더 필요합니다.
└ 남는 지우개의 수
└ 나누어 주는 사람 수

답 __1개__

2-1

풍선 97개를 8명에게 / 똑같이 나누어 주려고 합니다. /
풍선을 남김없이 모두 나누어 주려면 /
풍선이 적어도 몇 개 더 필요한가요?

문제 돌보기

✓ 풍선의 수는? → **97** 개

✓ 나누어 주는 사람 수는? → **8** 명

✦ 구해야 할 것은?
→ ⑩ 풍선이 적어도 몇 개 더 필요한지 구하기

풀이 과정

❶ 8명에게 나누어 주는 풍선의 수와 남는 풍선의 수는?
97 ÷8= **12** … **1** 이므로 풍선을 8명에게 **12** 개씩
나누어 주면 **1** 개가 남습니다.

❷ 풍선이 적어도 몇 개 더 필요한지 구하면?
풍선을 남김없이 모두 나누어 주려면 적어도
8- **1** = **7** (개) 더 필요합니다.

답 __7개__

문제가 어려웠나요?
◯ 어려워요. o.o
◯ 적당해요. ˇ-ˇ
◯ 쉬워요. >o<

문장제 실력 쌓기

★적어도 얼마나 필요한지 구하기
★남김없이 나누려고 할 때 더 필요한 양 구하기

문제를 읽고 '연습하기'에서 했던 것처럼 밑줄을 그어 가며 문제를 풀어 보세요.

1 학생 90명이 승용차에 모두 타려고 합니다. 승용차 한 대에 7명까지 탈 수 있다면 승용차는 적어도 몇 대 필요한가요?

❶ 승용차 한 대에 7명씩 탈 때, 탈 수 있는 승용차의 수와 남는 학생 수는?
예 90÷7=12…6이므로 승용차 12대에 타면 6명이 남습니다.

❷ 승용차는 적어도 몇 대 필요한지 구하면?
예 위 ❶에서 구한 남은 6명도 타야 하므로 승용차는 적어도 12+1=13(대) 필요합니다.

답 _____13대_____

2 도화지 64장을 3명에게 똑같이 나누어 주려고 합니다. 도화지를 남김없이 모두 나누어 주려면 도화지가 적어도 몇 장 더 필요한가요?

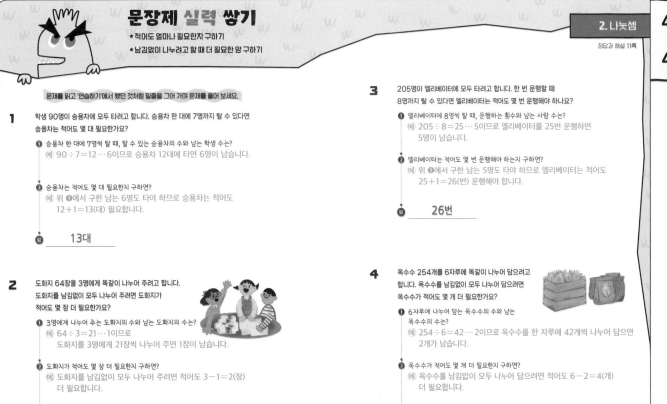

❶ 3명에게 나누어 주는 도화지의 수와 남는 도화지의 수는?
예 64÷3=21…1이므로 도화지를 3명에게 21장씩 나누어 주면 1장이 남습니다.

❷ 도화지가 적어도 몇 장 더 필요한지 구하면?
예 도화지를 남김없이 모두 나누어 주려면 적어도 3-1=2(장) 더 필요합니다.

답 _____2장_____

3 205명이 엘리베이터에 모두 타려고 합니다. 한 번 운행할 때 8명까지 탈 수 있다면 엘리베이터는 적어도 몇 번 운행해야 하나요?

❶ 엘리베이터에 8명씩 탈 때, 운행하는 횟수와 남는 사람 수는?
예 205÷8=25…5이므로 엘리베이터를 25번 운행하면 5명이 남습니다.

❷ 엘리베이터는 적어도 몇 번 운행해야 하는지 구하면?
예 위 ❶에서 구한 남은 5명도 타야 하므로 엘리베이터는 적어도 25+1=26(번) 운행해야 합니다.

답 _____26번_____

4 옥수수 254개를 6자루에 똑같이 나누어 담으려고 합니다. 옥수수를 남김없이 모두 나누어 담으려면 옥수수가 적어도 몇 개 더 필요한가요?

❶ 6자루에 나누어 담는 옥수수의 수와 남는 옥수수의 수는?
예 254÷6=42…2이므로 옥수수를 한 자루에 42개씩 나누어 담으면 2개가 남습니다.

❷ 옥수수가 적어도 몇 개 더 필요한지 구하면?
예 옥수수를 남김없이 모두 나누어 담으려면 적어도 6-2=4(개) 더 필요합니다.

답 _____4개_____

문장제 연습하기

★바르게 계산한 값 구하기

1 어떤 수를 4로 나누어야 할 것을 / 잘못하여 4를 곱했더니 84가 되었습니다. / 바르게 계산했을 때의 / 몫과 나머지를 구해 보세요.
└→ 구해야 할 것

문제 돋보기

✔ 잘못 계산한 식은?
→ 어떤 수에 4 을(를) 곱했더니 84 이(가) 되었습니다.

✔ 바르게 계산하려면?
→ 어떤 수를 4 (으)로 나눕니다.

✦ 구해야 할 것은?
→ _____바르게 계산했을 때의 몫과 나머지_____

풀이 과정

❶ 어떤 수를 ■라 할 때, 잘못 계산한 식은?
■ × 4 = 84

❷ 어떤 수는?
■ = 84 ÷ 4 = 21

❸ 바르게 계산했을 때의 몫과 나머지는?
21 ÷ 4 = 5 … 1
└→ 어떤 수

답 몫: ____5____ , 나머지: ____1____

왼쪽 **1**번과 같이 문제에 색칠하고 밑줄을 그어 가며 문제를 풀어 보세요.

1-1 어떤 수를 3으로 나누어야 할 것을 / 잘못하여 5로 나누었더니 / 몫이 7, 나머지가 2가 되었습니다. / 바르게 계산했을 때의 / 몫과 나머지를 구해 보세요.

문제 돋보기

✔ 잘못 계산한 식은?
→ 어떤 수를 5 (으)로 나누었더니 몫이 7 , 나머지가 2 이(가) 되었습니다.

✔ 바르게 계산하려면?
→ 어떤 수를 3 (으)로 나눕니다.

✦ 구해야 할 것은?
→ 예 바르게 계산했을 때의 몫과 나머지

풀이 과정

❶ 어떤 수를 ■라 할 때, 잘못 계산한 식은?
■ ÷5= 7 … 2

❷ 어떤 수는?
■ ÷5= 7 … 2 에서 5× 7 = 35
⇨ 35 + 2 = 37 이므로 ■= 37 입니다.

❸ 바르게 계산했을 때의 몫과 나머지는?
37 ÷ 3 = 12 … 1
└→ 어떤 수

답 몫: ____12____ , 나머지: ____1____

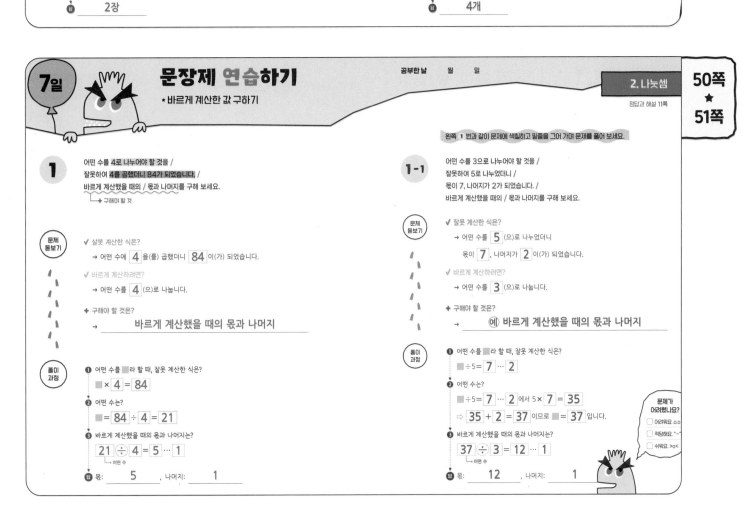

문제가 어려웠나요?
☐ 어려워요 .о.о
☐ 적당해요 "-"
☐ 쉬워요 >о<

문장제 연습하기

*수 카드로 나눗셈식 만들기

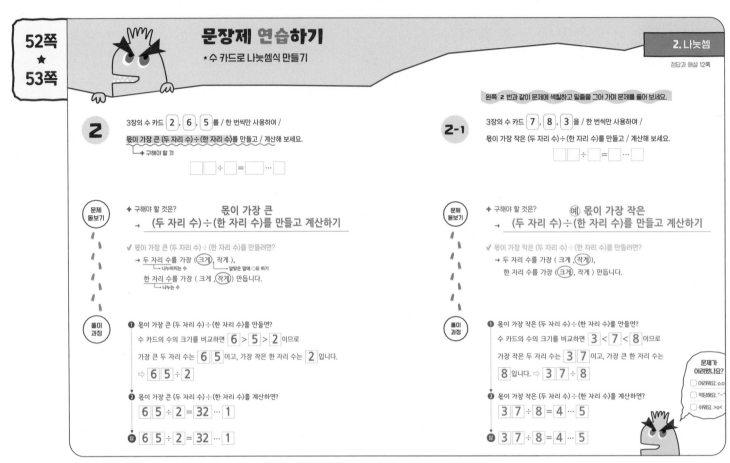

2 3장의 수 카드 [2], [6], [5] 를 / 한 번씩만 사용하여 /

몫이 가장 큰 (두 자리 수)÷(한 자리 수)를 만들고 / 계산해 보세요.
└→ 구해야 할 것

□□ ÷ □ = □□ … □

문제 돌보기

✦ 구해야 할 것은?   몫이 가장 큰

→ (두 자리 수)÷(한 자리 수)를 만들고 계산하기

✓ 몫이 가장 큰 (두 자리 수)÷(한 자리 수)을 만들려면?

→ 두 자리 수를 가장 (크게), 작게),
└→ 나누어지는 수   →알맞은 말에 ○표 하기
한 자리 수를 가장 (크게, 작게) 만듭니다.
└→ 나누는 수

풀이 과정

❶ 몫이 가장 큰 (두 자리 수)÷(한 자리 수)를 만들면?

수 카드의 수의 크기를 비교하면 [6] > [5] > [2] 이므로

가장 큰 두 자리 수는 [6][5] 이고, 가장 작은 한 자리 수는 [2] 입니다.

⇨ [6][5] ÷ [2]

❷ 몫이 가장 큰 (두 자리 수)÷(한 자리 수)를 계산하면?

[6][5] ÷ [2] = [32] … [1]

답 [6][5] ÷ [2] = [32] … [1]

왼쪽 **2** 번과 같이 문제에 색칠하고 밑줄을 그어 가며 문제를 풀어 보세요.

2-1 3장의 수 카드 [7], [8], [3] 을 / 한 번씩만 사용하여 /

몫이 가장 작은 (두 자리 수)÷(한 자리 수)를 만들고 / 계산해 보세요.

□□ ÷ □ = □□ … □

문제 돌보기

✦ 구해야 할 것은?   예 몫이 가장 작은

→ (두 자리 수)÷(한 자리 수)를 만들고 계산하기

✓ 몫이 가장 작은 (두 자리 수)÷(한 자리 수)를 만들려면?

→ 두 자리 수를 가장 (크게, (작게)),

한 자리 수를 가장 ((크게), 작게) 만듭니다.

풀이 과정

❶ 몫이 가장 작은 (두 자리 수)÷(한 자리 수)를 만들면?

수 카드의 수의 크기를 비교하면 [3] < [7] < [8] 이므로

가장 작은 두 자리 수는 [3][7] 이고, 가장 큰 한 자리 수는

[8] 입니다. ⇨ [3][7] ÷ [8]

❷ 몫이 가장 작은 (두 자리 수)÷(한 자리 수)를 계산하면?

[3][7] ÷ [8] = [4] … [5]

답 [3][7] ÷ [8] = [4] … [5]

문제가
어려웠나요?
☐ 어려워요. o.o
☐ 적당해요. ˇ-ˇ
☐ 쉬워요. >o<

문장제 실력 쌓기

*바르게 계산한 값 구하기
*수 카드로 나눗셈식 만들기

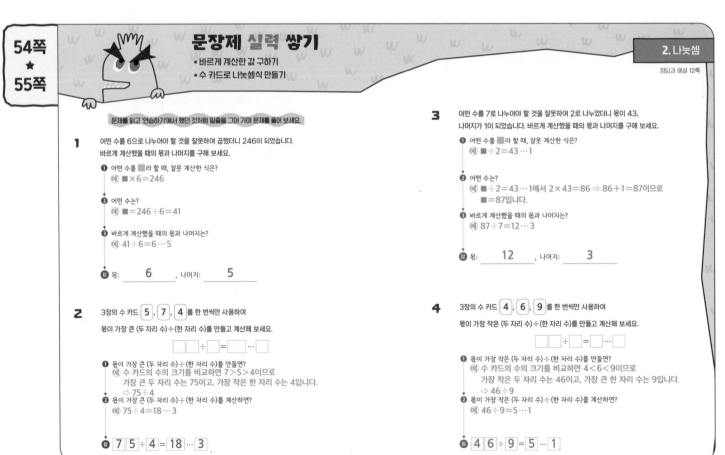

문제를 읽고 '연습하기'에서 했던 것처럼 밑줄을 그어 가며 문제를 풀어 보세요.

1 어떤 수를 6으로 나누어야 할 것을 잘못하여 곱했더니 246이 되었습니다.
바르게 계산했을 때의 몫과 나머지를 구해 보세요.

❶ 어떤 수를 ■라 할 때, 잘못 계산한 식은?
예 ■×6=246

❷ 어떤 수는?
예 ■=246÷6=41

❸ 바르게 계산했을 때의 몫과 나머지는?
예 41÷6=6…5

답 몫: ___6___, 나머지: ___5___

2 3장의 수 카드 [5], [7], [4] 를 한 번씩만 사용하여

몫이 가장 큰 (두 자리 수)÷(한 자리 수)를 만들고 계산해 보세요.

□□ ÷ □ = □□ … □

❶ 몫이 가장 큰 (두 자리 수)÷(한 자리 수)를 만들면?
예 수 카드의 수의 크기를 비교하면 7>5>4이므로
가장 큰 두 자리 수는 75이고, 가장 작은 한 자리 수는 4입니다.
⇨ 75÷4

❷ 몫이 가장 큰 (두 자리 수)÷(한 자리 수)를 계산하면?
예 75÷4=18…3

답 [7][5] ÷ [4] = [18] … [3]

3 어떤 수를 7로 나누어야 할 것을 잘못하여 2로 나누었더니 몫이 43,
나머지가 1이 되었습니다. 바르게 계산했을 때의 몫과 나머지를 구해 보세요.

❶ 어떤 수를 ■라 할 때, 잘못 계산한 식은?
예 ■÷2=43…1

❷ 어떤 수는?
예 ■÷2=43…1에서 2×43=86 ⇨ 86+1=87이므로
■=87입니다.

❸ 바르게 계산했을 때의 몫과 나머지는?
예 87÷7=12…3

답 몫: ___12___, 나머지: ___3___

4 3장의 수 카드 [4], [6], [9] 를 한 번씩만 사용하여

몫이 가장 작은 (두 자리 수)÷(한 자리 수)를 만들고 계산해 보세요.

□□ ÷ □ = □□ … □

❶ 몫이 가장 작은 (두 자리 수)÷(한 자리 수)를 만들면?
예 수 카드의 수의 크기를 비교하면 4<6<9이므로
가장 작은 두 자리 수는 46이고, 가장 큰 한 자리 수는 9입니다.
⇨ 46÷9

❷ 몫이 가장 작은 (두 자리 수)÷(한 자리 수)를 계산하면?
예 46÷9=5…1

답 [4][6] ÷ [9] = [5] … [1]

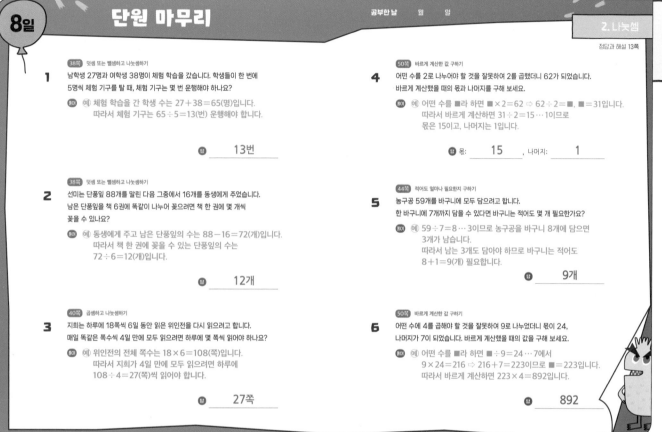

1 38쪽 덧셈 또는 뺄셈하고 나눗셈하기

남학생 27명과 여학생 38명이 체험 학습을 갔습니다. 학생들이 한 번에 5명씩 체험 기구를 탈 때, 체험 기구는 몇 번 운행해야 하나요?

풀이 예 체험 학습을 간 학생 수는 27＋38＝65(명)입니다.
따라서 체험 기구는 65÷5＝13(번) 운행해야 합니다.

답 **13번**

2 38쪽 덧셈 또는 뺄셈하고 나눗셈하기

선미는 단풍잎 88개를 말린 다음 그중에서 16개를 동생에게 주었습니다. 남은 단풍잎을 책 6권에 똑같이 나누어 꽂으려면 책 한 권에 몇 개씩 꽂을 수 있나요?

풀이 예 동생에게 주고 남은 단풍잎의 수는 88－16＝72(개)입니다.
따라서 책 한 권에 꽂을 수 있는 단풍잎의 수는 72÷6＝12(개)입니다.

답 **12개**

3 40쪽 곱셈하고 나눗셈하기

지희는 하루에 18쪽씩 6일 동안 읽은 위인전을 다시 읽으려고 합니다. 매일 똑같은 쪽수씩 4일 만에 모두 읽으려면 하루에 몇 쪽씩 읽어야 하나요?

풀이 예 위인전의 전체 쪽수는 18×6＝108(쪽)입니다.
따라서 지희가 4일 만에 모두 읽으려면 하루에 108÷4＝27(쪽)씩 읽어야 합니다.

답 **27쪽**

4 50쪽 바르게 계산한 값 구하기

어떤 수를 2로 나누어야 할 것을 잘못하여 2를 곱했더니 62가 되었습니다. 바르게 계산했을 때의 몫과 나머지를 구해 보세요.

풀이 예 어떤 수를 ■라 하면 ■×2＝62 ⇨ 62÷2＝■, ■＝31입니다.
따라서 바르게 계산하면 31÷2＝15…1이므로 몫은 15이고, 나머지는 1입니다.

답 몫: **15** , 나머지: **1**

5 44쪽 적어도 얼마나 필요한지 구하기

농구공 59개를 바구니에 모두 담으려고 합니다. 한 바구니에 7개까지 담을 수 있다면 바구니는 적어도 몇 개 필요한가요?

풀이 예 59÷7＝8…3이므로 농구공을 바구니 8개에 담으면 3개가 남습니다.
따라서 남는 3개도 담아야 하므로 바구니는 적어도 8＋1＝9(개) 필요합니다.

답 **9개**

6 50쪽 바르게 계산한 값 구하기

어떤 수에 4를 곱해야 할 것을 잘못하여 9로 나누었더니 몫이 24, 나머지가 7이 되었습니다. 바르게 계산했을 때의 값을 구해 보세요.

풀이 예 어떤 수를 ■라 하면 ■÷9＝24…7에서 9×24＝216 ⇨ 216＋7＝223이므로 ■＝223입니다.
따라서 바르게 계산하면 223×4＝892입니다.

답 **892**

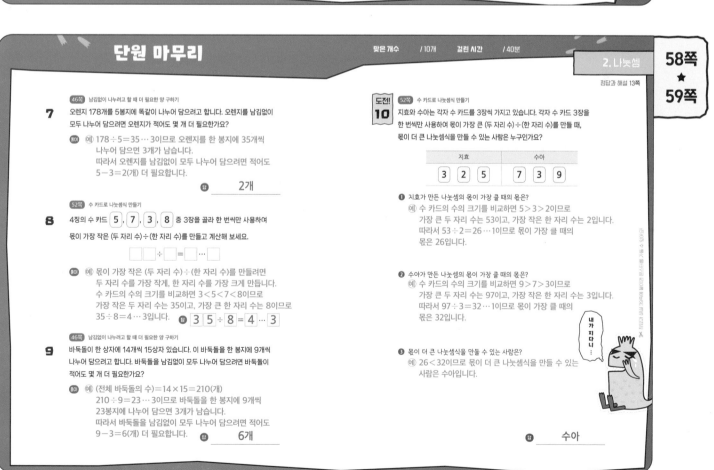

7 46쪽 남김없이 나누려고 할 때 더 필요한 양 구하기

오렌지 178개를 5봉지에 똑같이 나누어 담으려고 합니다. 오렌지를 남김없이 모두 나누어 담으려면 오렌지가 적어도 몇 개 더 필요한가요?

풀이 예 178÷5＝35…3이므로 오렌지를 한 봉지에 35개씩 나누어 담으면 3개가 남습니다.
따라서 오렌지를 남김없이 모두 나누어 담으려면 적어도 5－3＝2(개) 더 필요합니다.

답 **2개**

8 52쪽 수 카드로 나눗셈식 만들기

4장의 수 카드 5 , 7 , 3 , 8 중 3장을 골라 한 번씩만 사용하여 몫이 가장 작은 (두 자리 수)÷(한 자리 수)를 만들고 계산해 보세요.

□□ ÷ □ ＝ □ … □

풀이 예 몫이 가장 작은 (두 자리 수)÷(한 자리 수)를 만들려면 두 자리 수를 가장 작게, 한 자리 수를 가장 크게 만듭니다.
수 카드의 수의 크기를 비교하면 3＜5＜7＜8이므로 가장 작은 두 자리 수는 35이고, 가장 큰 한 자리 수는 8이므로 35÷8＝4…3입니다. 답 **3** **5** ÷ **8** ＝ **4** … **3**

9 46쪽 남김없이 나누려고 할 때 더 필요한 양 구하기

바둑돌이 한 상자에 14개씩 15상자 있습니다. 이 바둑돌을 한 봉지에 9개씩 나누어 담으려고 합니다. 바둑돌을 남김없이 모두 나누어 담으려면 바둑돌이 적어도 몇 개 더 필요한가요?

풀이 예 (전체 바둑돌의 수)＝14×15＝210(개)
210÷9＝23…3이므로 바둑돌을 한 봉지에 9개씩 23봉지에 나누어 담으면 3개가 남습니다.
따라서 바둑돌을 남김없이 모두 나누어 담으려면 적어도 9－3＝6(개) 더 필요합니다.

답 **6개**

도전! 10 52쪽 수 카드로 나눗셈식 만들기

지효와 수아는 각자 수 카드를 3장씩 가지고 있습니다. 각자 수 카드 3장을 한 번씩만 사용하여 몫이 가장 큰 (두 자리 수)÷(한 자리 수)를 만들 때, 몫이 더 큰 나눗셈식을 만들 수 있는 사람은 누구인가요?

지효	수아
3 2 5	7 3 9

❶ 지효가 만든 나눗셈의 몫이 가장 클 때의 몫은?
예 수 카드의 수의 크기를 비교하면 5＞3＞2이므로 가장 큰 두 자리 수는 53이고, 가장 작은 한 자리 수는 2입니다.
따라서 53÷2＝26…1이므로 몫이 가장 클 때의 몫은 26입니다.

❷ 수아가 만든 나눗셈의 몫이 가장 클 때의 몫은?
예 수 카드의 수의 크기를 비교하면 9＞7＞3이므로 가장 큰 두 자리 수는 97이고, 가장 작은 한 자리 수는 3입니다.
따라서 97÷3＝32…1이므로 몫이 가장 클 때의 몫은 32입니다.

❸ 몫이 더 큰 나눗셈식을 만들 수 있는 사람은?
예 26＜32이므로 몫이 더 큰 나눗셈식을 만들 수 있는 사람은 수아입니다.

답 **수아**

3. 원

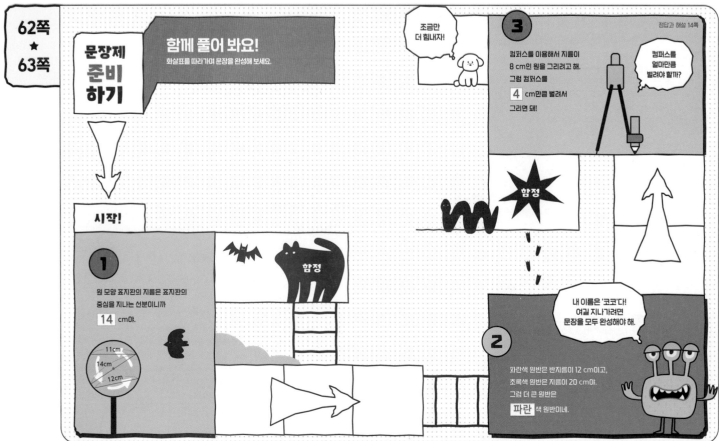

문장제 준비하기

함께 풀어 봐요!
화살표를 따라가며 문장을 완성해 보세요.

시작!

1
원 모양 효지판의 지름은 효지판의 중심을 지나는 선분이니까 **14** cm야.

11cm
14cm
12cm

조금만 더 힘내자!

3 정답과 해설 14쪽
컴퍼스를 이용해서 지름이 8 cm인 원을 그리려고 해. 그럼 컴퍼스를 **4** cm만큼 벌려서 그리면 돼!

컴퍼스를 얼마만큼 벌려야 할까?

함정

내 이름은 '코코'다! 여길 지나가려면 문장을 모두 완성해야 해.

2
파란색 원반은 반지름이 12 cm이고, 초록색 원반은 지름이 20 cm야. 그럼 더 큰 원반은 **파란** 색 원반이네.

9일 **문장제 연습하기** 공부한 날 월 일

*크기가 다른 원을 이어 붙였을 때 선분의 길이 구하기

3. 원
정답과 해설 14쪽

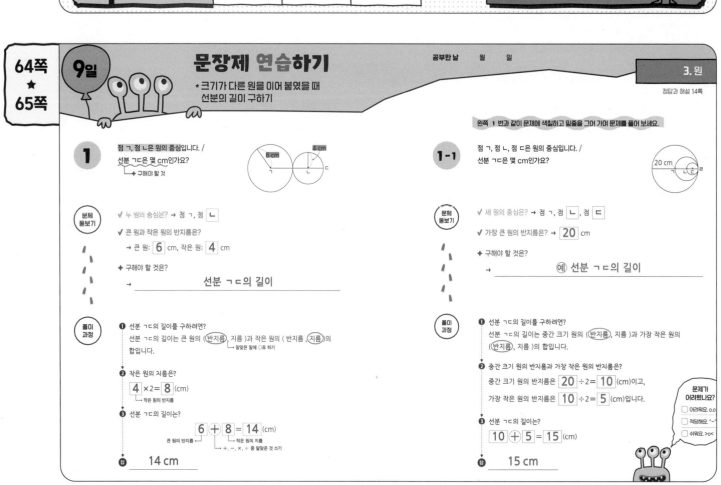

1 점 ㄱ, 점 ㄴ은 원의 중심입니다. / 선분 ㄱㄷ은 몇 cm인가요?
→ 구해야 할 것

6 cm   4 cm
ㄱ   ㄴ   ㄷ

문제 돌보기
✓ 누 원의 중심분은? → 점 ㄱ, 점 **ㄴ**
✓ 큰 원과 작은 원의 반지름은?
→ 큰 원: **6** cm, 작은 원: **4** cm
✦ 구해야 할 것은?
→ 선분 ㄱㄷ의 길이

풀이 과정
❶ 선분 ㄱㄷ의 길이를 구하려면?
선분 ㄱㄷ의 길이는 큰 원의 (반지름), 지름)과 작은 원의 (반지름, 지름)의
→ 알맞은 말에 ○표 하기
합입니다.
❷ 작은 원의 지름은?
4 × 2 = **8** (cm)
→ 작은 원의 반지름
❸ 선분 ㄱㄷ의 길이는?
6 ⊕ **8** = **14** (cm)
큰 원의 반지름   작은 원의 지름
+, −, ×, ÷ 중 알맞은 것 쓰기
답 **14 cm**

1-1 점 ㄱ, 점 ㄴ, 점 ㄷ은 원의 중심입니다. / 선분 ㄱㄹ은 몇 cm인가요?

20 cm
ㄱ ㄴㄷ ㄹ

문제 돌보기
✓ 세 원의 중심은? → 점 ㄱ, 점 **ㄴ**, 점 **ㄷ**
✓ 가장 큰 원의 반지름은? → **20** cm
✦ 구해야 할 것은?
→ 예 선분 ㄱㄹ의 길이

풀이 과정
❶ 선분 ㄱㄹ의 길이를 구하려면?
선분 ㄱㄹ의 길이는 중간 크기 원의 ((반지름), 지름)과 가장 작은 원의
((반지름), 지름)의 합입니다.
❷ 중간 크기 원의 반지름과 가장 작은 원의 반지름은?
중간 크기 원의 반지름은 **20** ÷ 2 = **10** (cm)이고,
가장 작은 원의 반지름은 **10** ÷ 2 = **5** (cm)입니다.
❸ 선분 ㄱㄹ의 길이는?
10 ⊕ **5** = **15** (cm)
답 **15 cm**

문제가 어려웠나요?
☐ 어려워요. o.o
☐ 적당해요. ^-^
☐ 쉬워요. >.<

문장제 연습하기

* 원의 반지름의 성질을 이용하여
  길이 구하기

정답과 해설 15쪽

왼쪽 **2** 번과 같이 문제에 색칠하고 밑줄을 그어 가며 문제를 풀어 보세요.

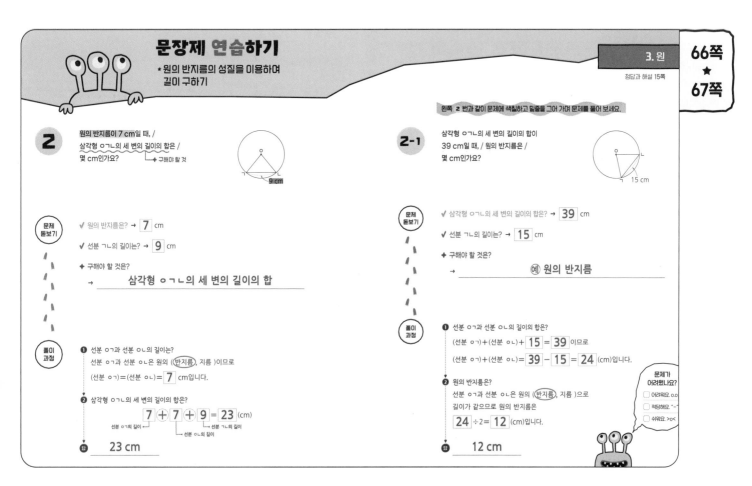

2 원의 반지름이 7 cm일 때, /
삼각형 ㅇㄱㄴ의 세 변의 길이의 합은 /
몇 cm인가요? ──→ 구해야 할 것

문제 돋보기

✓ 원의 반지름은? → **7** cm

✓ 선분 ㄱㄴ의 길이는? → **9** cm

✦ 구해야 할 것?

→ 삼각형 ㅇㄱㄴ의 세 변의 길이의 합

풀이 과정

❶ 선분 ㅇㄱ과 선분 ㅇㄴ의 길이는?
선분 ㅇㄱ과 선분 ㅇㄴ은 원의 ((반지름), 지름)이므로
(선분 ㅇㄱ)=(선분 ㅇㄴ)= **7** cm입니다.

❷ 삼각형 ㅇㄱㄴ의 세 변의 길이의 합은?

7 + **7** + **9** = **23** (cm)
└선분 ㅇㄱ의 길이┘ └선분 ㄱㄴ의 길이
└선분 ㅇㄴ의 길이

답 **23 cm**

2-1 삼각형 ㅇㄱㄴ의 세 변의 길이의 합이
39 cm일 때, / 원의 반지름은 /
몇 cm인가요?

문제 돋보기

✓ 삼각형 ㅇㄱㄴ의 세 변의 길이의 합은? → **39** cm

✓ 선분 ㄱㄴ의 길이는? → **15** cm

✦ 구해야 할 것은?

→ 예 원의 반지름

풀이 과정

❶ 선분 ㅇㄱ과 선분 ㅇㄴ의 길이의 합은?
(선분 ㅇㄱ)+(선분 ㅇㄴ)+ **15** = **39** 이므로
(선분 ㅇㄱ)+(선분 ㅇㄴ)= **39** − **15** = **24** (cm)입니다.

❷ 원의 반지름은?
선분 ㅇㄱ과 선분 ㅇㄴ은 원의 ((반지름), 지름)으로
길이가 같으므로 원의 반지름은
24 ÷2= **12** (cm)입니다.

답 **12 cm**

문제가
어려웠나요?
☐ 어려워요. O.O
☐ 적당해요. ˉ-ˉ
☐ 쉬워요. >O<

문장제 실력 쌓기

* 크기가 다른 원을 이어 붙였을 때
  선분의 길이 구하기
* 원의 반지름의 성질을 이용하여 길이 구하기

정답과 해설 15쪽

문제를 읽고 '연습하기'에서 했던 것처럼 밑줄을 그어 가며 문제를 풀어 보세요.

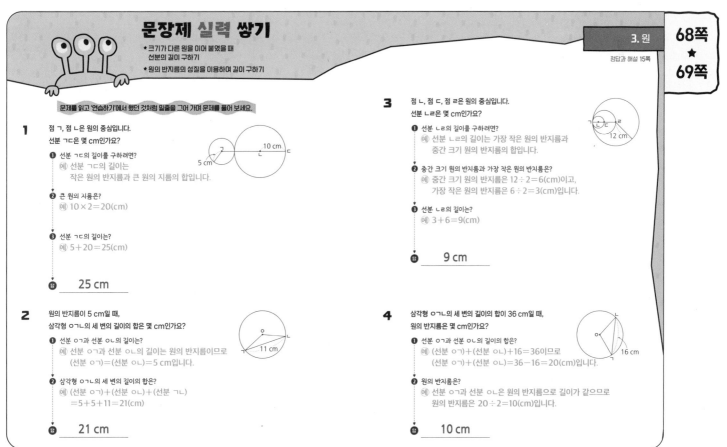

1 점 ㄱ, 점 ㄴ은 원의 중심입니다.
선분 ㄱㄷ은 몇 cm인가요?

❶ 선분 ㄱㄷ의 길이를 구하려면?
예 선분 ㄱㄷ의 길이는
작은 원의 반지름과 큰 원의 지름의 합입니다.

❷ 큰 원의 지름은?
예 10×2=20(cm)

❸ 선분 ㄱㄷ의 길이는?
예 5+20=25(cm)

답 **25 cm**

2 원의 반지름이 5 cm일 때,
삼각형 ㅇㄱㄴ의 세 변의 길이의 합은 몇 cm인가요?

❶ 선분 ㅇㄱ과 선분 ㅇㄴ의 길이는?
예 선분 ㅇㄱ과 선분 ㅇㄴ의 길이는 원의 반지름이므로
(선분 ㅇㄱ)=(선분 ㅇㄴ)=5 cm입니다.

❷ 삼각형 ㅇㄱㄴ의 세 변의 길이의 합은?
예 (선분 ㅇㄱ)+(선분 ㅇㄴ)+(선분 ㄱㄴ)
=5+5+11=21(cm)

답 **21 cm**

3 점 ㄴ, 점 ㄷ, 점 ㄹ은 원의 중심입니다.
선분 ㄴㄹ은 몇 cm인가요?

❶ 선분 ㄴㄹ의 길이를 구하려면?
예 선분 ㄴㄹ의 길이는 가장 작은 원의 반지름과
중간 크기 원의 반지름의 합입니다.

❷ 중간 크기 원의 반지름과 가장 큰 원의 반지름은?
예 중간 크기 원의 반지름은 12÷2=6(cm)이고,
가장 작은 원의 반지름은 6÷2=3(cm)입니다.

❸ 선분 ㄴㄹ의 길이는?
예 3+6=9(cm)

답 **9 cm**

4 삼각형 ㅇㄱㄴ의 세 변의 길이의 합이 36 cm일 때,
원의 반지름은 몇 cm인가요?

❶ 선분 ㅇㄱ과 선분 ㅇㄴ의 길이의 합은?
예 (선분 ㅇㄱ)+(선분 ㅇㄴ)+16=36이므로
(선분 ㅇㄱ)+(선분 ㅇㄴ)=36−16=20(cm)입니다.

❷ 원의 반지름은?
예 선분 ㅇㄱ과 선분 ㅇㄴ은 원의 반지름으로 길이가 같으므로
원의 반지름은 20÷2=10(cm)입니다.

답 **10 cm**

문장제 연습하기

＊크기가 같은 원을 겹쳐서 그렸을 때
선분의 길이 구하기

왼쪽 **1** 번과 같이 문제에 색칠하고 밑줄을 그어 가며 문제를 풀어 보세요.

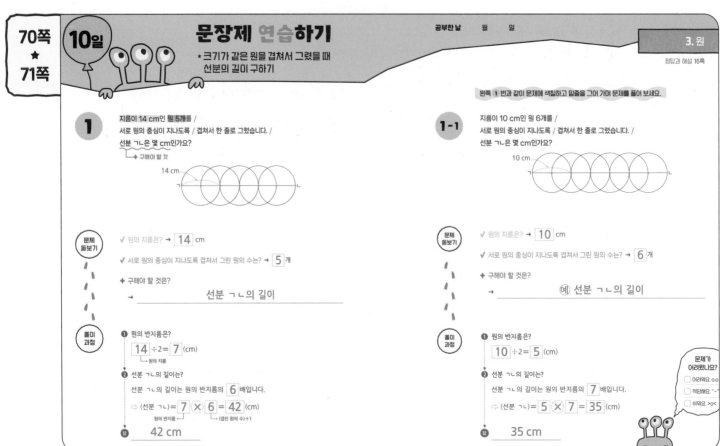

1 지름이 14 cm인 원 5개를 /
서로 원의 중심이 지나도록 / 겹쳐서 한 줄로 그렸습니다. /
선분 ㄱㄴ은 몇 cm인가요?
→ 구해야 할 것

14 cm

문제 돋보기
✔ 원의 지름은? → [14] cm

✔ 서로 원의 중심이 지나도록 겹쳐서 그린 원의 수는? → [5] 개

✦ 구해야 할 것은?
→ ___선분 ㄱㄴ의 길이___

풀이 과정
❶ 원의 반지름은?
[14] ÷ 2 = [7] (cm)
└─ 원의 지름

❷ 선분 ㄱㄴ의 길이는?
선분 ㄱㄴ의 길이는 원의 반지름의 [6] 배입니다.
⇨ (선분 ㄱㄴ) = [7] ⊗ [6] = [42] (cm)
└원의 반지름 └(겹친 원의 수)+1

답 **42 cm**

1-1 지름이 10 cm인 원 6개를 /
서로 원의 중심이 지나도록 / 겹쳐서 한 줄로 그렸습니다. /
선분 ㄱㄴ은 몇 cm인가요?

10 cm

문제 돋보기
✔ 원의 지름은? → [10] cm

✔ 서로 원의 중심이 지나도록 겹쳐서 그린 원의 수는? → [6] 개

✦ 구해야 할 것은?
→ ___예 선분 ㄱㄴ의 길이___

풀이 과정
❶ 원의 반지름은?
[10] ÷ 2 = [5] (cm)

❷ 선분 ㄱㄴ의 길이는?
선분 ㄱㄴ의 길이는 원의 반지름의 [7] 배입니다.
⇨ (선분 ㄱㄴ) = [5] ⊗ [7] = [35] (cm)

답 **35 cm**

문제가
어려웠나요?
☐ 어려워요. o.o
☐ 적당해요. ^-^
☐ 쉬워요. >o<

문장제 연습하기

＊사각형의 네 변의 길이의 합 구하기

왼쪽 **2** 번과 같이 문제에 색칠하고 밑줄을 그어 가며 문제를 풀어 보세요.

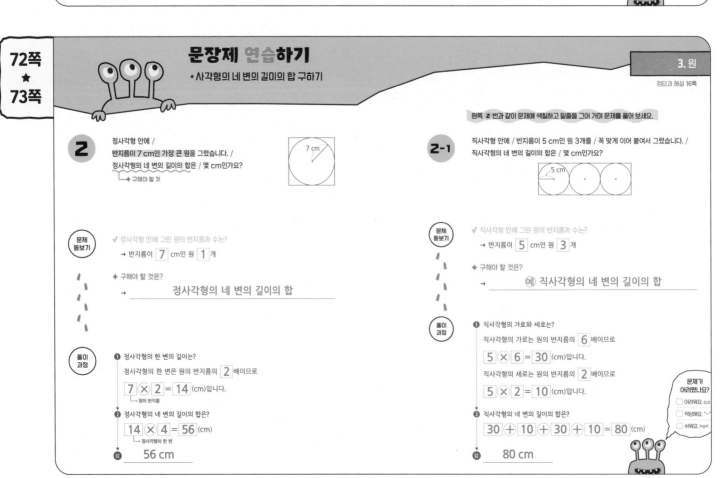

2 정사각형 안에 /
반지름이 7 cm인 가장 큰 원을 그렸습니다. /
정사각형의 네 변의 길이의 합은 / 몇 cm인가요?
→ 구해야 할 것

7 cm

문제 돋보기
✔ 정사각형 안에 그린 원의 반지름과 수는?
→ 반지름이 [7] cm인 원 [1] 개

✦ 구해야 할 것은?
→ ___정사각형의 네 변의 길이의 합___

풀이 과정
❶ 정사각형의 한 변의 길이는?
정사각형의 한 변은 원의 반지름의 [2] 배이므로
[7] ⊗ [2] = [14] (cm)입니다.
└─ 원의 반지름

❷ 정사각형의 네 변의 길이의 합은?
[14] ⊗ [4] = [56] (cm)
└─ 정사각형의 한 변

답 **56 cm**

2-1 직사각형 안에 / 반지름이 5 cm인 원 3개를 / 꼭 맞게 이어서 붙여서 그렸습니다. /
직사각형의 네 변의 길이의 합은 / 몇 cm인가요?

5 cm

문제 돋보기
✔ 직사각형 안에 그린 원의 반지름과 수는?
→ 반지름이 [5] cm인 원 [3] 개

✦ 구해야 할 것은?
→ ___예 직사각형의 네 변의 길이의 합___

풀이 과정
❶ 직사각형의 가로와 세로는?
직사각형의 가로는 원의 반지름의 [6] 배이므로
[5] ⊗ [6] = [30] (cm)입니다.

직사각형의 세로는 원의 반지름의 [2] 배이므로
[5] ⊗ [2] = [10] (cm)입니다.

❷ 직사각형의 네 변의 길이의 합은?
[30] ⊕ [10] ⊕ [30] ⊕ [10] = [80] (cm)

답 **80 cm**

문제가
어려웠나요?
☐ 어려워요. o.o
☐ 적당해요. ^-^
☐ 쉬워요. >o<

* 크기가 같은 원을 겹쳐서 그렸을 때 선분의 길이 구하기
* 사각형의 네 변의 길이의 합 구하기

문제를 읽고 '연습하기'에서 했던 것처럼 밑줄을 그어 가며 문제를 풀어 보세요.

1 지름이 6 cm인 원 7개를 서로 원의 중심이 지나도록 겹쳐서 한 줄로 그렸습니다. 선분 ㄱㄴ은 몇 cm인가요?

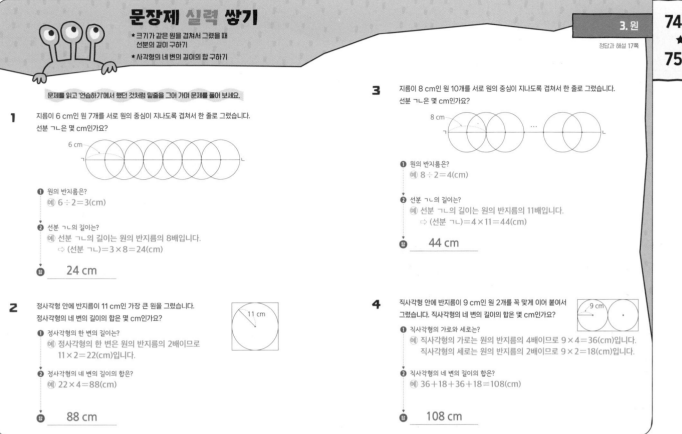

❶ 원의 반지름은?
예 6÷2=3(cm)

❷ 선분 ㄱㄴ의 길이는?
예 선분 ㄱㄴ의 길이는 원의 반지름의 8배입니다.
⇨ (선분 ㄱㄴ)=3×8=24(cm)

답 __24 cm__

2 정사각형 안에 반지름이 11 cm인 가장 큰 원을 그렸습니다. 정사각형의 네 변의 길이의 합은 몇 cm인가요?

❶ 정사각형의 한 변의 길이는?
예 정사각형의 한 변은 원의 반지름의 2배이므로
11×2=22(cm)입니다.

❷ 정사각형의 네 변의 길이의 합은?
예 22×4=88(cm)

답 __88 cm__

3 지름이 8 cm인 원 10개를 서로 원의 중심이 지나도록 겹쳐서 한 줄로 그렸습니다. 선분 ㄱㄴ은 몇 cm인가요?

❶ 원의 반지름은?
예 8÷2=4(cm)

❷ 선분 ㄱㄴ의 길이는?
예 선분 ㄱㄴ의 길이는 원의 반지름의 11배입니다.
⇨ (선분 ㄱㄴ)=4×11=44(cm)

답 __44 cm__

4 직사각형 안에 반지름이 9 cm인 원 2개를 꼭 맞게 이어 붙여서 그렸습니다. 직사각형의 네 변의 길이의 합은 몇 cm인가요?

❶ 직사각형의 가로와 세로는?
예 직사각형의 가로는 원의 반지름의 4배이므로 9×4=36(cm)입니다.
직사각형의 세로는 원의 반지름의 2배이므로 9×2=18(cm)입니다.

❷ 직사각형의 네 변의 길이의 합은?
예 36+18+36+18=108(cm)

답 __108 cm__

11일 ## 단원 마무리

공부한 날   월   일

3. 원

76쪽
★
77쪽

정답과 해설 17쪽

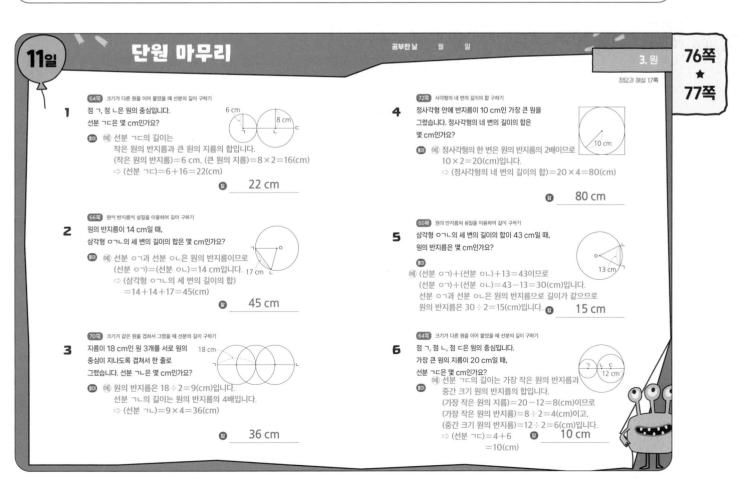

64쪽 크기가 다른 원을 이어 붙였을 때 선분의 길이 구하기
1 점 ㄱ, 점 ㄴ은 원의 중심입니다.
선분 ㄱㄷ은 몇 cm인가요?

풀이 예 선분 ㄱㄷ의 길이는
작은 원의 반지름과 큰 원의 지름의 합입니다.
(작은 원의 반지름)=6 cm, (큰 원의 지름)=8×2=16(cm)
⇨ (선분 ㄱㄷ)=6+16=22(cm)

답 __22 cm__

66쪽 원의 반지름의 성질을 이용하여 길이 구하기
2 원의 반지름이 14 cm일 때,
삼각형 ㅇㄱㄴ의 세 변의 길이의 합은 몇 cm인가요?

풀이 예 선분 ㅇㄱ과 선분 ㅇㄴ은 원의 반지름이므로
(선분 ㅇㄱ)=(선분 ㅇㄴ)=14 cm입니다.
⇨ (삼각형 ㅇㄱㄴ의 세 변의 길이의 합)
=14+14+17=45(cm)

답 __45 cm__

70쪽 크기가 같은 원을 겹쳐서 그렸을 때 선분의 길이 구하기
3 지름이 18 cm인 원 3개를 서로 원의 중심이 지나도록 겹쳐서 한 줄로 그렸습니다. 선분 ㄱㄴ은 몇 cm인가요?

풀이 예 원의 반지름은 18÷2=9(cm)입니다.
선분 ㄱㄴ의 길이는 원의 반지름의 4배입니다.
⇨ (선분 ㄱㄴ)=9×4=36(cm)

답 __36 cm__

72쪽 사각형의 네 변의 길이의 합 구하기
4 정사각형 안에 반지름이 10 cm인 가장 큰 원을 그렸습니다. 정사각형의 네 변의 길이의 합은 몇 cm인가요?

풀이 예 정사각형의 한 변은 원의 반지름의 2배이므로
10×2=20(cm)입니다.
⇨ (정사각형의 네 변의 길이의 합)=20×4=80(cm)

답 __80 cm__

66쪽 원의 반지름의 성질을 이용하여 길이 구하기
5 삼각형 ㅇㄱㄴ의 세 변의 길이의 합이 43 cm일 때,
원의 반지름은 몇 cm인가요?

풀이
예 (선분 ㅇㄱ)+(선분 ㅇㄴ)+13=43이므로
(선분 ㅇㄱ)+(선분 ㅇㄴ)=43-13=30(cm)입니다.
선분 ㅇㄱ과 선분 ㅇㄴ은 원의 반지름으로 길이가 같으므로
원의 반지름은 30÷2=15(cm)입니다. 답 __15 cm__

64쪽 크기가 다른 원을 이어 붙였을 때 선분의 길이 구하기
6 점 ㄱ, 점 ㄴ, 점 ㄷ은 원의 중심입니다.
가장 큰 원의 지름이 20 cm일 때,
선분 ㄱㄷ은 몇 cm인가요?
풀이 예 선분 ㄱㄷ의 길이는 가장 작은 원의 반지름과 중간 크기 원의 반지름의 합입니다.
(가장 작은 원의 지름)=20-12=8(cm)이므로
(가장 작은 원의 반지름)=8÷2=4(cm)이고,
(중간 크기 원의 반지름)=12÷2=6(cm)입니다.
⇨ (선분 ㄱㄷ)=4+6 답 __10 cm__
=10(cm)

단원 마무리

정답과 해설 18쪽

7 64쪽 크기가 다른 원을 이어 붙였을 때 선분의 길이 구하기

점 ㄱ, 점 ㄴ, 점 ㄷ은 원의 중심입니다. 선분 ㄱㄷ은 몇 cm인가요?

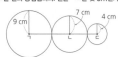

풀이 예 선분 ㄱㄷ의 길이는 가장 큰 원의 반지름,
중간 크기 원의 지름, 가장 작은 원의 반지름의 합입니다.
(가장 큰 원의 반지름)=9 cm,
(중간 크기 원의 지름)=7×2=14(cm),
(가장 작은 원의 반지름)=4 cm
⇨ (선분 ㄱㄷ)=9+14+4=27(cm)

답 __27 cm__

8 72쪽 사각형의 네 변의 길이의 합 구하기

직사각형 안에 반지름이 6 cm인 원 4개를 꼭 맞게 이어 붙여서 그렸습니다.
직사각형의 네 변의 길이의 합은 몇 cm인가요?

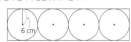

풀이 예 직사각형의 가로는 원의 반지름의 8배이므로
6×8=48(cm)입니다.
직사각형의 세로는 원의 반지름의 2배이므로
6×2=12(cm)입니다.
⇨ (직사각형의 네 변의 길이의 합)
=48+12+48+12=120(cm)

답 __120 cm__

9 70쪽 크기가 같은 원을 겹쳐 그렸을 때 선분의 길이 구하기

크기가 같은 원 6개를 서로 원의 중심이 지나도록 겹쳐서 한 줄로 그렸습니다.
선분 ㄱㄴ의 길이가 70 cm일 때, 원의 지름은 몇 cm인가요?

풀이 예 선분 ㄱㄴ의 길이는 원의 반지름의 7배이므로
원의 반지름은 70÷7=10(cm)입니다.
따라서 원의 지름은 10×2=20(cm)입니다.

답 __20 cm__

도전! 10 72쪽 사각형의 네 변의 길이의 합 구하기

정사각형 안에 크기가 같은 원 4개를
오른쪽 그림과 같이 맞닿게 그렸습니다.
정사각형의 네 변의 길이의 합이 48 cm일 때,
원의 반지름은 몇 cm인가요?

❶ 정사각형의 한 변의 길이는?
예 48÷4=12(cm)

❷ 원의 반지름은?
예 정사각형의 한 변은 원의 반지름의 4배입니다.
⇨ (원의 반지름)=12÷4=3(cm)

답 __3 cm__

내가 지다니...

4. 분수와 소수

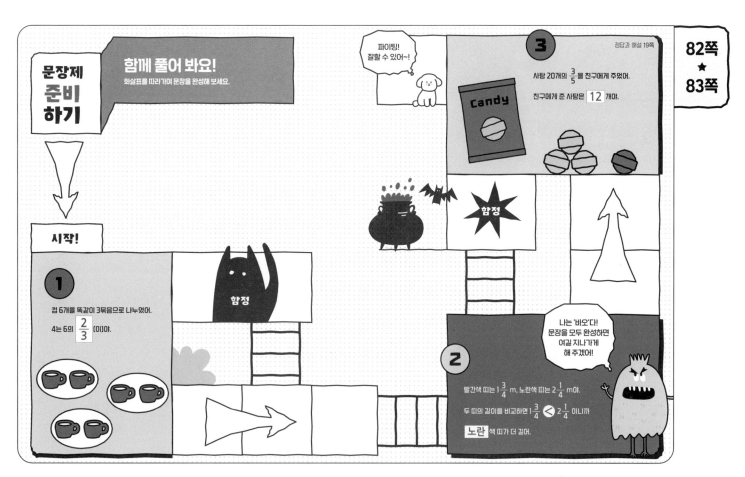

82쪽 ★ 83쪽

문장제 준비하기

함께 풀어 봐요!
화살표를 따라가며 문장을 완성해 보세요.

시작!

① 컵 6개를 똑같이 3묶음으로 나누었어.
4는 6의 $\frac{2}{3}$ (이)야.

함정

파이팅! 잘할 수 있어~!

③ 사탕 20개의 $\frac{3}{5}$ 을 친구에게 주었어.
친구에게 준 사탕은 12 개야.

Candy

함정

② 빨간색 띠는 $1\frac{3}{4}$ m, 노란색 띠는 $2\frac{1}{4}$ m야.
두 띠의 길이를 비교하면 $1\frac{3}{4}$ < $2\frac{1}{4}$ 이니까
노란 색 띠가 더 길어.

나는 '바오'다! 문장을 모두 완성하면 여길 지나가게 해 주겠어!

정답과 해설 19쪽

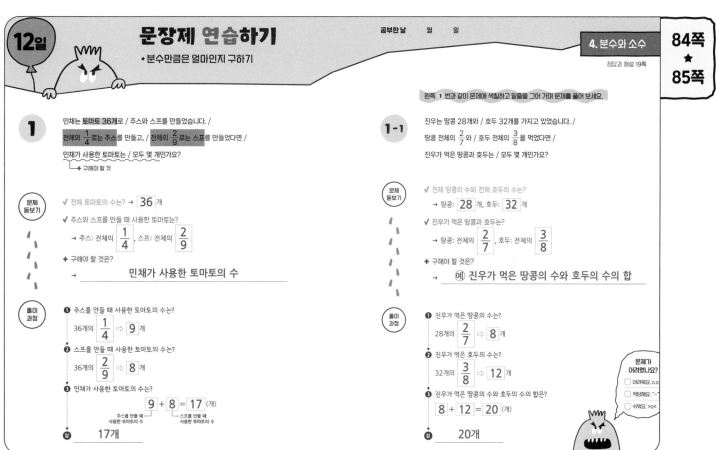

12일 문장제 연습하기
*분수만큼은 얼마인지 구하기

공부한 날   월   일

정답과 해설 19쪽

84쪽 ★ 85쪽

왼쪽 **1** 번과 같이 문제에 색칠하고 밑줄을 그어 가며 문제를 풀어 보세요.

1 민채는 **토마토 36개**로 / 주스와 스프를 만들었습니다. /
전체의 $\frac{1}{4}$로는 주스를 만들고, / 전체의 $\frac{2}{9}$로는 스프를 만들었다면 /
민채가 사용한 토마토는 / 모두 몇 개인가요?
→ 구해야 할 것

문제 돌보기
✓ 전체 토마토의 수는? → 36 개
✓ 주스와 스프를 만들 때 사용한 토마토는?
→ 주스: 전체의 $\frac{1}{4}$, 스프: 전체의 $\frac{2}{9}$
✦ 구해야 할 것은?
→ 민채가 사용한 토마토의 수

풀이 과정
❶ 주스를 만들 때 사용한 토마토의 수는?
36개의 $\frac{1}{4}$ ⇨ 9 개
❷ 스프를 만들 때 사용한 토마토의 수는?
36개의 $\frac{2}{9}$ ⇨ 8 개
❸ 민채가 사용한 토마토의 수는?
9 + 8 = 17 (개)
주스를 만들 때 사용한 토마토의 수   스프를 만들 때 사용한 토마토의 수
답 17개

1-1 진우는 땅콩 28개와 호두 32개를 가지고 있었습니다. /
땅콩 전체의 $\frac{2}{7}$와 호두 전체의 $\frac{3}{8}$을 먹었다면 /
진우가 먹은 땅콩과 호두는 / 모두 몇 개인가요?

문제 돌보기
✓ 전체 땅콩의 수와 전체 호두의 수는?
→ 땅콩: 28 개, 호두: 32 개
✓ 진우가 먹은 땅콩과 호두는?
→ 땅콩: 전체의 $\frac{2}{7}$, 호두: 전체의 $\frac{3}{8}$
✦ 구해야 할 것은?
→ 예) 진우가 먹은 땅콩의 수와 호두의 수의 합

풀이 과정
❶ 진우가 먹은 땅콩의 수는?
28개의 $\frac{2}{7}$ ⇨ 8 개
❷ 진우가 먹은 호두의 수는?
32개의 $\frac{3}{8}$ ⇨ 12 개
❸ 진우가 먹은 땅콩의 수와 호두의 수의 합은?
8 + 12 = 20 (개)
답 20개

문제가 어려웠나요?
□ 어려워요 o.o
□ 적당해요 ˘-˘
□ 쉬워요 >o<

문장제 연습하기

★남은 양 구하기

왼쪽 **2**번과 같이 문제에 색칠하고 밑줄을 그어 가며 문제를 풀어 보세요.

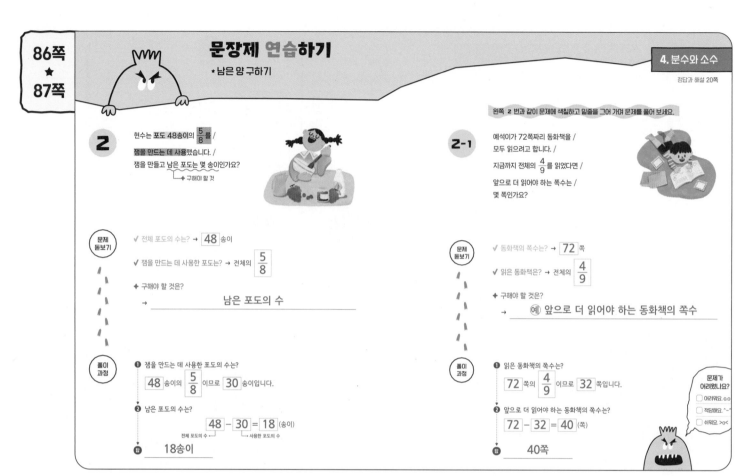

2 현수는 포도 48송이의 $\frac{5}{8}$ 를 /

잼을 만드는 데 사용했습니다. /

잼을 만들고 남은 포도는 몇 송이인가요?
→ 구해야 할 것

**문제
돌보기**

✓ 전체 포도의 수는? → 48 송이

✓ 잼을 만드는 데 사용한 포도는? → 전체의 $\frac{5}{8}$

✦ 구해야 할 것은?

→ 남은 포도의 수

**풀이
과정**

❶ 잼을 만드는 데 사용한 포도의 수는?

48 송이의 $\frac{5}{8}$ 이므로 30 송이입니다.

❷ 남은 포도의 수는?

48 − 30 = 18 (송이)
전체 포도의 수 → → 사용한 포도의 수

답 18송이

2-1 예석이가 72쪽짜리 동화책을 /

모두 읽으려고 합니다. /

지금까지 전체의 $\frac{4}{9}$ 를 읽었다면 /

앞으로 더 읽어야 하는 쪽수는 /

몇 쪽인가요?

**문제
돌보기**

✓ 동화책의 쪽수는? → 72 쪽

✓ 읽은 동화책은? → 전체의 $\frac{4}{9}$

✦ 구해야 할 것은?

→ 예 앞으로 더 읽어야 하는 동화책의 쪽수

**풀이
과정**

❶ 읽은 동화책의 쪽수는?

72 쪽의 $\frac{4}{9}$ 이므로 32 쪽입니다.

❷ 앞으로 더 읽어야 하는 동화책의 쪽수는?

72 − 32 = 40 (쪽)

답 40쪽

문제가
어려웠나요?
☐ 어려워요. o.o
☐ 적당해요. ˘-˘
☐ 쉬워요. >o<

문장제 실력 쌓기

★분수만큼은 얼마인지 구하기
★남은 양 구하기

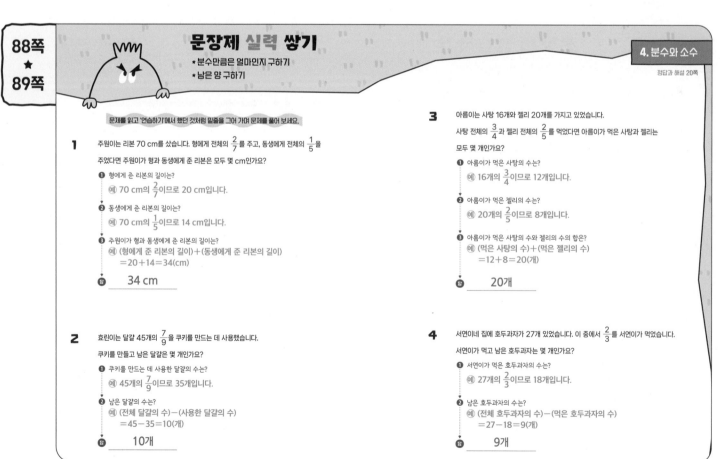

문제를 읽고 '연습하기'에서 했던 것처럼 밑줄을 그어 가며 문제를 풀어 보세요.

1 주원이는 리본 70 cm를 샀습니다. 형에게 전체의 $\frac{2}{7}$ 를 주고, 동생에게 전체의 $\frac{1}{5}$ 을

주었다면 주원이가 형과 동생에게 준 리본은 모두 몇 cm인가요?

❶ 형에게 준 리본의 길이는?

예 70 cm의 $\frac{2}{7}$ 이므로 20 cm입니다.

❷ 동생에게 준 리본의 길이는?

예 70 cm의 $\frac{1}{5}$ 이므로 14 cm입니다.

❸ 주원이가 형과 동생에게 준 리본의 길이는?

예 (형에게 준 리본의 길이)+(동생에게 준 리본의 길이)
  =20+14=34(cm)

답 **34 cm**

2 효린이는 달걀 45개의 $\frac{7}{9}$ 을 쿠키를 만드는 데 사용했습니다.

쿠키를 만들고 남은 달걀은 몇 개인가요?

❶ 쿠키를 만드는 데 사용한 달걀의 수는?

예 45개의 $\frac{7}{9}$ 이므로 35개입니다.

❷ 남은 달걀의 수는?

예 (전체 달걀의 수)−(사용한 달걀의 수)
  =45−35=10(개)

답 **10개**

3 아름이는 사탕 16개와 젤리 20개를 가지고 있었습니다.

사탕 전체의 $\frac{3}{4}$ 과 젤리 전체의 $\frac{2}{5}$ 를 먹었다면 아름이가 먹은 사탕과 젤리는

모두 몇 개인가요?

❶ 아름이가 먹은 사탕의 수는?

예 16개의 $\frac{3}{4}$ 이므로 12개입니다.

❷ 아름이가 먹은 젤리의 수는?

예 20개의 $\frac{2}{5}$ 이므로 8개입니다.

❸ 아름이가 먹은 사탕의 수와 젤리의 수의 합은?

예 (먹은 사탕의 수)+(먹은 젤리의 수)
  =12+8=20(개)

답 **20개**

4 서연이네 집에 호두과자가 27개 있었습니다. 이 중에서 $\frac{2}{3}$ 를 서연이가 먹었습니다.

서연이가 먹고 남은 호두과자는 몇 개인가요?

❶ 서연이가 먹은 호두과자의 수는?

예 27개의 $\frac{2}{3}$ 이므로 18개입니다.

❷ 남은 호두과자의 수는?

예 (전체 호두과자의 수)−(먹은 호두과자의 수)
  =27−18=9(개)

답 **9개**

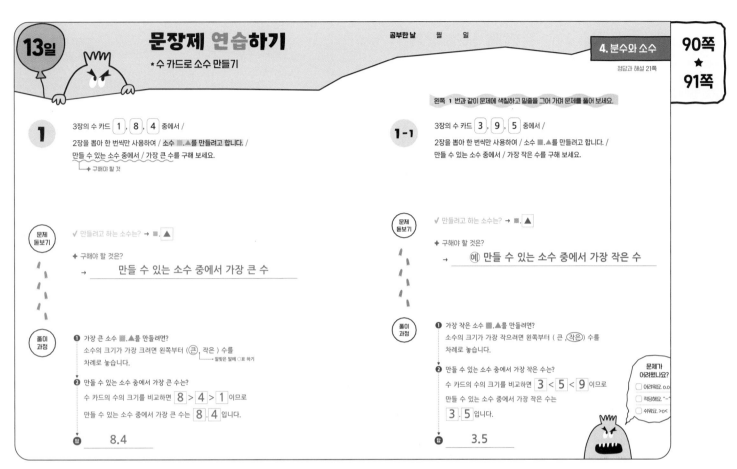

13일 문장제 연습하기

*수 카드로 소수 만들기

공부한 날   월   일

4. 분수와 소수

정답과 해설 21쪽

90쪽 ★ 91쪽

1

3장의 수 카드 [1], [8], [4] 중에서 /
2장을 뽑아 한 번씩만 사용하여 / 소수 ■.▲를 만들려고 합니다. /
만들 수 있는 소수 중에서 / 가장 큰 수를 구해 보세요.
└→ 구해야 할 것

문제 돌보기

✓ 만들려고 하는 소수는? → ■.▲

✦ 구해야 할 것은?
→ 만들 수 있는 소수 중에서 가장 큰 수

풀이 과정

❶ 가장 큰 소수 ■.▲를 만들려면?
소수의 크기가 가장 크려면 왼쪽부터 ((큰), 작은) 수를
차례로 놓습니다.
└→ 알맞은 말에 ○표 하기

❷ 만들 수 있는 소수 중에서 가장 큰 수는?
수 카드의 수의 크기를 비교하면 [8] > [4] > [1] 이므로
만들 수 있는 소수 중에서 가장 큰 수는 [8].[4] 입니다.

답   8.4

1-1

왼쪽 **1** 번과 같이 문제에 색칠하고 밑줄을 그어 가며 문제를 풀어 보세요.

3장의 수 카드 [3], [9], [5] 중에서 /
2장을 뽑아 한 번씩만 사용하여 / 소수 ■.▲를 만들려고 합니다. /
만들 수 있는 소수 중에서 / 가장 작은 수를 구해 보세요.

문제 돌보기

✓ 만들려고 하는 소수는? → ■.▲

✦ 구해야 할 것은?
→ 예 만들 수 있는 소수 중에서 가장 작은 수

풀이 과정

❶ 가장 작은 소수 ■.▲를 만들려면?
소수의 크기가 가장 작으려면 왼쪽부터 (큰 , 작은) 수를
차례로 놓습니다.

❷ 만들 수 있는 소수 중에서 가장 작은 수는?
수 카드의 수의 크기를 비교하면 [3] < [5] < [9] 이므로
만들 수 있는 소수 중에서 가장 작은 수는
[3].[5] 입니다.

답   3.5

문제가 어려웠나요?
☐ 어려워요. o.o
☐ 적당해요. ˘-˘
☐ 쉬워요. >o<

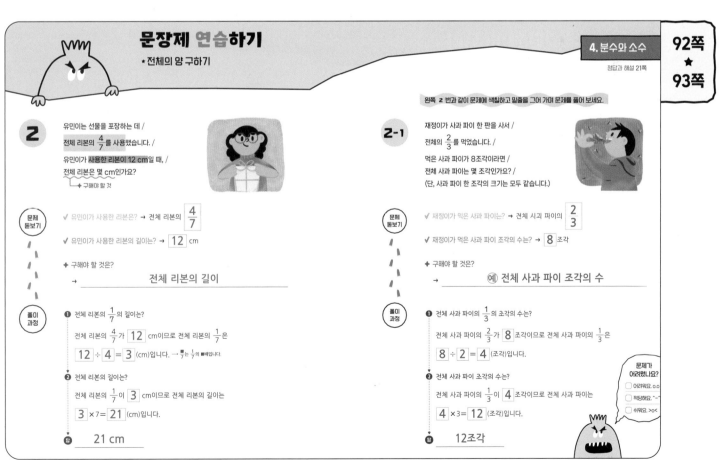

2

유민이는 선물을 포장하는 데 /
전체 리본의 $\frac{4}{7}$를 사용했습니다. /
유민이가 사용한 리본이 12 cm일 때, /
전체 리본은 몇 cm인가요?
└→ 구해야 할 것

문제 돌보기

✓ 유민이가 사용한 리본은? → 전체 리본의 $\frac{4}{7}$

✓ 유민이가 사용한 리본의 길이는? → [12] cm

✦ 구해야 할 것은?
→ 전체 리본의 길이

풀이 과정

❶ 전체 리본의 $\frac{1}{7}$의 길이는?
전체 리본의 $\frac{4}{7}$가 [12] cm이므로 전체 리본의 $\frac{1}{7}$은
[12] ÷ [4] = [3] (cm)입니다. →$\frac{4}{7}$는 $\frac{1}{7}$의 ■배입니다.

❷ 전체 리본의 길이는?
전체 리본의 $\frac{1}{7}$이 [3] cm이므로 전체 리본의 길이는
[3] ×7= [21] (cm)입니다.

답   21 cm

2-1

왼쪽 **2** 번과 같이 문제에 색칠하고 밑줄을 그어 가며 문제를 풀어 보세요.

재정이가 사과 파이 한 판을 사서 /
전체의 $\frac{2}{3}$를 먹었습니다. /
먹은 사과 파이가 8조각이라면 /
전체 사과 파이는 몇 조각인가요? /
(단, 사과 파이 한 조각의 크기는 모두 같습니다.)

문제 돌보기

✓ 재정이가 먹은 사과 파이는? → 전체 사과 파이의 $\frac{2}{3}$

✓ 재정이가 먹은 사과 파이 조각의 수는? → [8] 조각

✦ 구해야 할 것은?
→ 예 전체 사과 파이 조각의 수

풀이 과정

❶ 전체 사과 파이의 $\frac{1}{3}$의 조각의 수는?
전체 사과 파이의 $\frac{2}{3}$가 [8] 조각이므로 전체 사과 파이의 $\frac{1}{3}$은
[8] ÷ [2] = [4] (조각)입니다.

❷ 전체 사과 파이 조각의 수는?
전체 사과 파이의 $\frac{1}{3}$이 [4] 조각이므로 전체 사과 파이는
[4] ×3= [12] (조각)입니다.

답   12조각

문제가 어려웠나요?
☐ 어려워요. o.o
☐ 적당해요. ˘-˘
☐ 쉬워요. >o<

문장제 실력 쌓기

*수 카드로 소수 만들기
*전체의 양 구하기

문제를 읽고 '연습하기'에서 했던 것처럼 밑줄을 그어 가며 문제를 풀어 보세요.

1 3장의 수 카드 5, 7, 2 중에서 2장을 뽑아 한 번씩만 사용하여
소수 ■.▲를 만들려고 합니다. 만들 수 있는 소수 중에서 가장 큰 수를 구해 보세요.

❶ 가장 큰 소수 ■.▲를 만들려면?
  ㉠ 소수의 크기가 가장 크려면 왼쪽부터 큰 수를 차례로 놓습니다.

❷ 만들 수 있는 소수 중에서 가장 큰 수는?
  ㉠ 수 카드의 수의 크기를 비교하면 7>5>2이므로
    만들 수 있는 소수 중에서 가장 큰 수는 7.5입니다.

답 __7.5__

2 지연이는 미술 시간에 전체 색 테이프의 $\frac{3}{8}$을 사용했습니다.
지연이가 사용한 색 테이프가 15 cm일 때, 전체 색 테이프는 몇 cm인가요?

❶ 전체 색 테이프의 $\frac{1}{8}$의 길이는?
  ㉠ 전체 색 테이프의 $\frac{3}{8}$이 15 cm이므로 전체 색 테이프의 $\frac{1}{8}$은
    15÷3=5(cm)입니다.
❷ 전체 색 테이프의 길이는?
  ㉠ 전체 색 테이프의 $\frac{1}{8}$이 5 cm이므로 전체 색 테이프의 길이는
    5×8=40(cm)입니다.

답 __40 cm__

3 3장의 수 카드 6, 2, 8 중에서 2장을 뽑아 한 번씩만 사용하여
소수 ■.▲를 만들려고 합니다. 만들 수 있는 소수 중에서 가장 작은 수를 구해 보세요.

❶ 가장 작은 소수 ■.▲를 만들려면?
  ㉠ 소수의 크기가 가장 작으려면 왼쪽부터 작은 수를 차례로 놓습니다.

❷ 만들 수 있는 소수 중에서 가장 작은 수는?
  ㉠ 수 카드의 수의 크기를 비교하면 2<6<8이므로
    만들 수 있는 소수 중에서 가장 작은 수는 2.6입니다.

답 __2.6__

4 어떤 수의 $\frac{7}{9}$은 28입니다. 어떤 수는 얼마인가요?

❶ 어떤 수의 $\frac{1}{9}$은?
  ㉠ 어떤 수의 $\frac{7}{9}$이 28이므로 어떤 수의 $\frac{1}{9}$은 28÷7=4입니다.

❷ 어떤 수는?
  ㉠ 어떤 수의 $\frac{1}{9}$이 4이므로 어떤 수는 4×9=36입니다.

답 __36__

14일

단원 마무리

공부한 날   월   일

1 84쪽 분수만큼은 얼마인지 구하기
한별이는 56쪽짜리 만화책을 읽었습니다. 전체의 $\frac{3}{8}$은 오전에 읽고, 전체의
$\frac{1}{7}$은 오후에 읽었습니다. 한별이가 만화책을 읽은 쪽수는 모두 몇 쪽인가요?

풀이 ㉠ 오전에 읽은 쪽수는 56의 $\frac{3}{8}$이므로 21쪽이고,
    오후에 읽은 쪽수는 56의 $\frac{1}{7}$이므로 8쪽입니다.
    ⇨ (한별이가 읽은 만화책의 쪽수)=21+8=29(쪽)

답 __29쪽__

2 86쪽 남은 양 구하기
규리는 미술 시간에 종이띠 65 cm의 $\frac{2}{5}$를 사용했습니다.
남은 종이띠는 몇 cm인가요?

풀이 ㉠ 미술 시간에 사용한 종이띠는 65 cm의 $\frac{2}{5}$이므로 26 cm입니다.
    ⇨ (남은 종이띠의 길이)=65-26=39(cm)

답 __39 cm__

3 90쪽 수 카드로 소수 만들기
3장의 수 카드 4, 9, 5 중 2장을 뽑아 한 번씩만 사용하여
소수 ■.▲를 만들려고 합니다.
만들 수 있는 소수 중에서 가장 큰 수를 구해 보세요.

풀이 ㉠ 소수의 크기가 가장 크려면 왼쪽부터 큰 수를 차례로 놓습니다.
    수 카드의 수의 크기를 비교하면 9>5>4이므로
    만들 수 있는 소수 중에서 가장 큰 수는 9.5입니다.

답 __9.5__

4 90쪽 수 카드로 소수 만들기
3장의 수 카드 7, 1, 3 중 2장을 뽑아 한 번씩만 사용하여
소수 ■.▲를 만들려고 합니다.
만들 수 있는 소수 중에서 가장 작은 수를 구해 보세요.

풀이 ㉠ 소수의 크기가 가장 작으려면 왼쪽부터 작은 수를 차례로 놓습니다.
    수 카드의 수의 크기를 비교하면 1<3<7이므로
    만들 수 있는 소수 중에서 가장 작은 수는 1.3입니다.

답 __1.3__

5 84쪽 분수만큼은 얼마인지 구하기
연재는 오늘 하루의 $\frac{1}{4}$은 학교 수업을 들었고, 하루의 $\frac{1}{8}$은 학원 수업을
들었습니다. 연재가 오늘 학교와 학원 수업을 들은 시간은 모두 몇 시간인가요?
풀이 ㉠ 하루는 24시간입니다.
    학교 수업을 들은 시간은 24시간의 $\frac{1}{4}$이므로 6시간이고,
    학원 수업을 들은 시간은 24시간의 $\frac{1}{8}$이므로 3시간입니다.
    ⇨ (연재가 학교와 학원 수업을
    들은 시간)=6+3=9(시간)

답 __9시간__

6 86쪽 남은 양 구하기
지원이네 반의 남학생은 16명, 여학생은 14명입니다. 지원이네 반에서
안경을 쓴 학생이 전체 학생의 $\frac{2}{5}$일 때, 안경을 쓰지 않은 학생은 몇 명인가요?

풀이 ㉠ 지원이네 반 전체 학생은 16+14=30(명)입니다.
    안경을 쓴 학생은 30명의 $\frac{2}{5}$이므로 12명입니다.
    ⇨ (안경을 쓰지 않은 학생 수)=30-12=18(명)

답 __18명__

7 92쪽 전체의 양 구하기

영우가 고구마 10개를 상자에 담았습니다.

영우가 상자에 담은 고구마의 수가 전체 고구마의 $\frac{5}{8}$일 때,

전체 고구마는 몇 개인가요?

풀이 예 전체 고구마의 $\frac{5}{8}$가 10개이므로

전체 고구마의 $\frac{1}{8}$은 10÷5=2(개)입니다.

따라서 전체 고구마는 2×8=16(개)입니다.

답 _____16개_____

8 84쪽 분수만큼은 얼마인지 구하기

선물을 포장하는 데 승언이는 80 cm짜리 리본의 $\frac{3}{5}$을 사용했고,

미경이는 90 cm짜리 리본의 $\frac{5}{9}$를 사용했습니다.

리본을 누가 몇 cm 더 많이 사용했나요?

풀이 예 승언이가 사용한 리본은 80 cm의 $\frac{3}{5}$이므로 48 cm이고,

미경이가 사용한 리본은 90 cm의 $\frac{5}{9}$이므로 50 cm입니다.

따라서 48 cm<50 cm이므로 리본을 미경이가

50−48=2(cm) 더 많이 사용했습니다.

답 ___미경___ , ___2 cm___

9 92쪽 전체의 양 구하기

어떤 수의 $\frac{3}{4}$은 18입니다. 어떤 수의 $\frac{5}{6}$는 얼마인가요?

풀이 예 어떤 수의 $\frac{3}{4}$이 18이므로 어떤 수의 $\frac{1}{4}$은 18÷3=6입니다.

따라서 어떤 수는 6×4=24입니다.

⇨ 24의 $\frac{5}{6}$는 20입니다.

답 _____20_____

도전! 10 92쪽 전체의 양 구하기

병우가 주스 한 병을 사서 무게를 재었더니 630 g이었고,

주스 전체의 $\frac{1}{5}$을 마신 다음 무게를 재었더니 520 g이었습니다.

빈 병의 무게는 몇 g인가요?

❶ 주스 전체의 $\frac{1}{5}$의 무게는?

예 (주스 한 병의 무게)−($\frac{1}{5}$을 마신 후의 무게)

=630−520=110(g)

❷ 주스 전체의 무게는?

예 주스 전체의 $\frac{1}{5}$의 무게가 110 g이므로

주스 전체의 무게는 110×5=550(g)입니다.

❸ 빈 병의 무게는?

예 (주스 한 병의 무게)−(주스 전체의 무게)

=630−550=80(g)

답 _____80 g_____

내가 지다니…

5. 들이와 무게

102쪽 ★ 103쪽

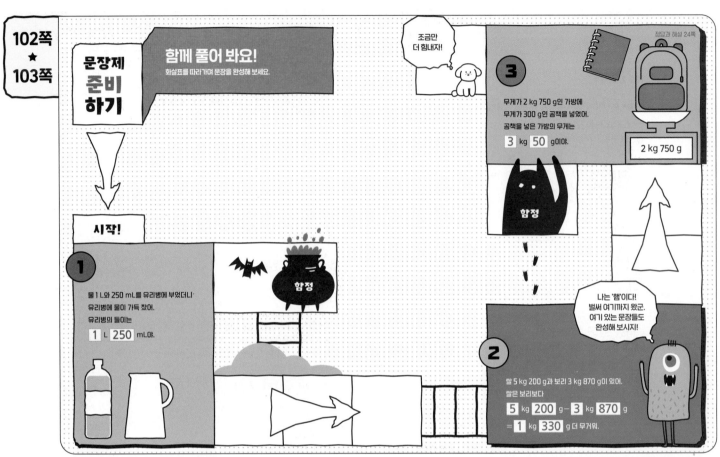

문장제 준비하기

함께 풀어 봐요!
화살표를 따라가며 문장을 완성해 보세요.

조금만 더 힘내자!

시작!

1
물 1 L와 250 mL를 유리병에 부었더니 유리병에 물이 가득 찼어.
유리병의 들이는
1 L **250** mL야.

함정

3
무게가 2 kg 750 g인 가방에 무게가 300 g인 공책을 넣었어.
공책을 넣은 가방의 무게는
3 kg **50** g이야.

2 kg 750 g

함정

나는 '햄'이다!
벌써 여기까지 왔군.
여기 있는 문장들도
완성해 보시지!

2
쌀 5 kg 200 g과 보리 3 kg 870 g이 있어.
쌀은 보리보다
5 kg **200** g − **3** kg **870** g
= **1** kg **330** g 더 무거워.

104쪽 ★ 105쪽

15일

문장제 연습하기
* 들이의 덧셈과 뺄셈

공부한 날   월   일

정답과 해설 24쪽

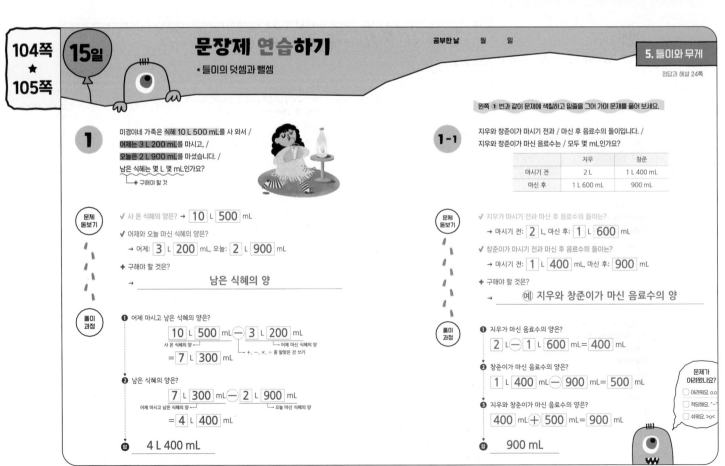

1
미경이네 가족은 식혜 10 L 500 mL를 사 와서 /
어제는 3 L 200 mL를 마시고, /
오늘은 2 L 900 mL를 마셨습니다. /
남은 식혜는 몇 L 몇 mL인가요?
└→ 구해야 할 것

문제 돋보기
✓ 사 온 식혜의 양은? → **10** L **500** mL

✓ 어제와 오늘 마신 식혜의 양은?
→ 어제: **3** L **200** mL, 오늘: **2** L **900** mL

✦ 구해야 할 것은?
→ ___남은 식혜의 양___

풀이 과정
❶ 어제 마시고 남은 식혜의 양은?
10 L **500** mL − **3** L **200** mL
└사 온 식혜의 양 └어제 마신 식혜의 양
└+, −, ×, ÷ 중 알맞은 것 쓰기
= **7** L **300** mL

❷ 남은 식혜의 양은?
7 L **300** mL − **2** L **900** mL
└어제 마시고 남은 식혜의 양 └오늘 마신 식혜의 양
= **4** L **400** mL

답 **4 L 400 mL**

1-1
지우와 창준이가 마시기 전과 / 마신 후 음료수의 들이입니다. /
지우와 창준이가 마신 음료수는 / 모두 몇 mL인가요?

왼쪽 **1**번과 같이 문제에 색칠하고 밑줄을 그어 가며 문제를 풀어 보세요.

	지우	창준
마시기 전	2 L	1 L 400 mL
마신 후	1 L 600 mL	900 mL

문제 돋보기
✓ 지우가 마시기 전과 마신 후 음료수의 들이는?
→ 마시기 전: **2** L, 마신 후: **1** L **600** mL

✓ 창준이가 마시기 전과 마신 후 음료수의 들이는?
→ 마시기 전: **1** L **400** mL, 마신 후: **900** mL

✦ 구해야 할 것은?
→ ___예) 지우와 창준이가 마신 음료수의 양___

풀이 과정
❶ 지우가 마신 음료수의 양은?
2 L − **1** L **600** mL = **400** mL

❷ 창준이가 마신 음료수의 양은?
1 L **400** mL − **900** mL = **500** mL

❸ 지우와 창준이가 마신 음료수의 양은?
400 mL + **500** mL = **900** mL

답 **900 mL**

문제가 어려웠나요?
☐ 어려워요. o.o
☐ 적당해요. ^-^
☐ 쉬워요. >o<

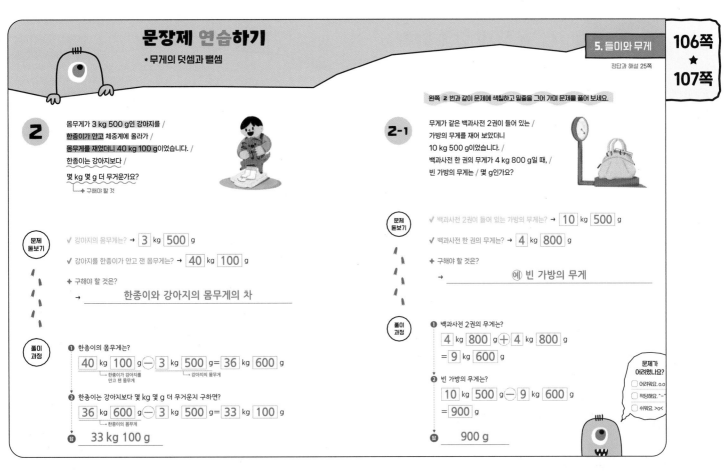

2

몸무게가 3 kg 500 g인 강아지를 /
한종이가 안고 체중계에 올라가 /
몸무게를 재었더니 40 kg 100 g이었습니다. /
한종이는 강아지보다 /
몇 kg 몇 g 더 무거운가요?
→ 구해야 할 것

문제 돋보기

✔ 강아지의 몸무게는? → 3 kg 500 g

✔ 강아지를 한종이가 안고 잰 몸무게는? → 40 kg 100 g

♣ 구해야 할 것은?
→ 한종이와 강아지의 몸무게의 차

풀이 과정

❶ 한종이의 몸무게는?
40 kg 100 g ─ 3 kg 500 g = 36 kg 600 g
└ 한종이가 강아지를 안고 잰 몸무게 └ 강아지의 몸무게

❷ 한종이는 강아지보다 몇 kg 몇 g 더 무거운지 구하면?
36 kg 600 g ─ 3 kg 500 g = 33 kg 100 g
└ 한종이의 몸무게

답 **33 kg 100 g**

왼쪽 2 번과 같이 문제에 색칠하고 밑줄을 그어 가며 문제를 풀어 보세요.

2-1

무게가 같은 백과사전 2권이 들어 있는 /
가방의 무게를 재어 보았더니
10 kg 500 g이었습니다. /
백과사전 한 권의 무게가 4 kg 800 g일 때, /
빈 가방의 무게는 / 몇 g인가요?

문제 돋보기

✔ 백과사전 2권이 들어 있는 가방의 무게는? → 10 kg 500 g

✔ 백과사전 한 권의 무게는? → 4 kg 800 g

♣ 구해야 할 것은?
→ 예 빈 가방의 무게

풀이 과정

❶ 백과사전 2권의 무게는?
4 kg 800 g ⊕ 4 kg 800 g
= 9 kg 600 g

❷ 빈 가방의 무게는?
10 kg 500 g ─ 9 kg 600 g
= 900 g

답 **900 g**

문제가 어려웠나요?
☐ 어려워요. o.o
☐ 적당해요. ^-^
☐ 쉬워요. >o<

문장제 실력 쌓기
★ 들이의 덧셈과 뺄셈
★ 무게의 덧셈과 뺄셈

5. 들이와 무게

108쪽 ★ 109쪽

정답과 해설 25쪽

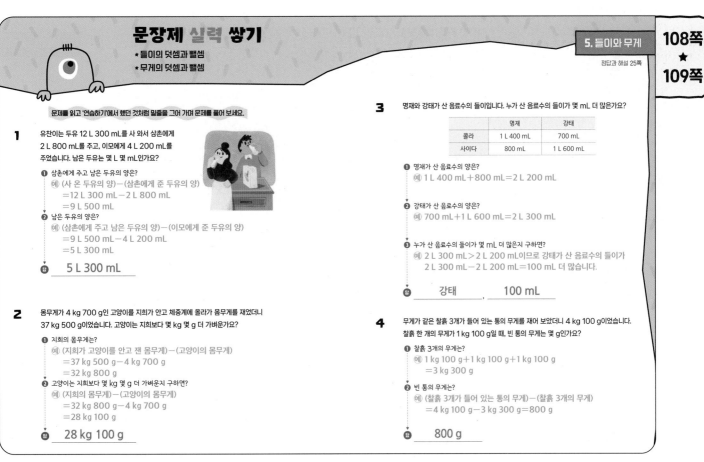

문제를 읽고 '연습하기'에서 했던 것처럼 밑줄을 그어 가며 문제를 풀어 보세요.

1
유찬이는 두유 12 L 300 mL를 사 와서 삼촌에게
2 L 800 mL를 주고, 이모에게 4 L 200 mL를
주었습니다. 남은 두유는 몇 L 몇 mL인가요?
❶ 삼촌에게 주고 남은 두유의 양은?
예 (사 온 두유의 양) ─ (삼촌에게 준 두유의 양)
= 12 L 300 mL ─ 2 L 800 mL
= 9 L 500 mL
❷ 남은 두유의 양은?
예 (삼촌에게 주고 남은 두유의 양) ─ (이모에게 준 두유의 양)
= 9 L 500 mL ─ 4 L 200 mL
= 5 L 300 mL

답 **5 L 300 mL**

2
몸무게가 4 kg 700 g인 고양이를 지희가 안고 체중계에 올라가 몸무게를 재었더니
37 kg 500 g이었습니다. 고양이는 지희보다 몇 kg 몇 g 더 가벼운가요?
❶ 지희의 몸무게는?
예 (지희가 고양이를 안고 잰 몸무게) ─ (고양이의 몸무게)
= 37 kg 500 g ─ 4 kg 700 g
= 32 kg 800 g
❷ 고양이는 지희보다 몇 kg 몇 g 더 가벼운지 구하면?
예 (지희의 몸무게) ─ (고양이의 몸무게)
= 32 kg 800 g ─ 4 kg 700 g
= 28 kg 100 g

답 **28 kg 100 g**

3
명재와 강태가 산 음료수의 들이입니다. 누가 산 음료수의 들이가 몇 mL 더 많은가요?

	명재	강태
콜라	1 L 400 mL	700 mL
사이다	800 mL	1 L 600 mL

❶ 명재가 산 음료수의 양은?
예 1 L 400 mL + 800 mL = 2 L 200 mL

❷ 강태가 산 음료수의 양은?
예 700 mL + 1 L 600 mL = 2 L 300 mL

❸ 누가 산 음료수의 들이가 몇 mL 더 많은지 구하면?
예 2 L 300 mL > 2 L 200 mL이므로 강태가 산 음료수의 들이가
2 L 300 mL ─ 2 L 200 mL = 100 mL 더 많습니다.

답 **강태** , **100 mL**

4
무게가 같은 찰흙 3개가 들어 있는 통의 무게를 재어 보았더니 4 kg 100 g이었습니다.
찰흙 한 개의 무게가 1 kg 100 g일 때, 빈 통의 무게는 몇 g인가요?
❶ 찰흙 3개의 무게는?
예 1 kg 100 g + 1 kg 100 g + 1 kg 100 g
= 3 kg 300 g
❷ 빈 통의 무게는?
예 (찰흙 3개가 들어 있는 통의 무게) ─ (찰흙 3개의 무게)
= 4 kg 100 g ─ 3 kg 300 g = 800 g

답 **800 g**

문장제 연습하기

★ 가장 가깝게 어림한 사람 찾기

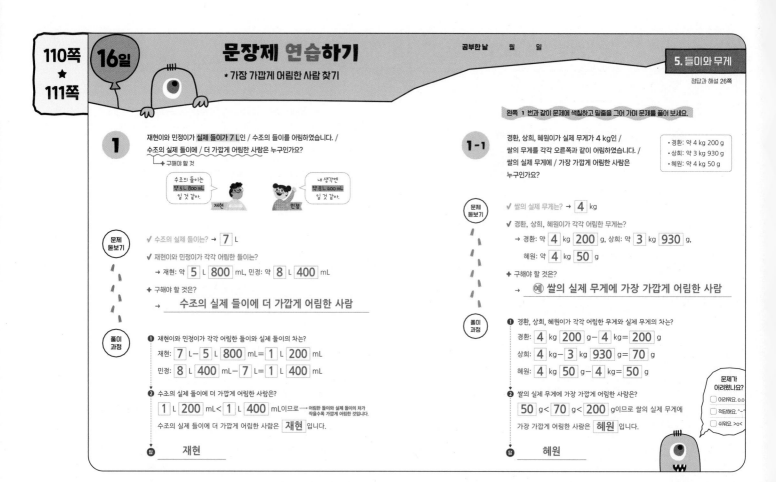

1

재현이와 민정이가 실제 들이가 7 L인 / 수조의 들이를 어림하였습니다. / 수조의 실제 들이에 / 더 가깝게 어림한 사람은 누구인가요?

→ 구해야 할 것

수조의 들이는 약 5 L 800 mL 일 것 같아. 재현

내 생각엔 약 8 L 400 mL 일 것 같아. 민정

문제 돌보기

✓ 수조의 실제 들이는? → 7 L

✓ 재현이와 민정이가 각각 어림한 들이는?
→ 재현: 약 5 L 800 mL, 민정: 약 8 L 400 mL

✦ 구해야 할 것은?
→ 수조의 실제 들이에 더 가깝게 어림한 사람

풀이 과정

❶ 재현이와 민정이가 각각 어림한 들이와 실제 들이의 차는?
재현: 7 L − 5 L 800 mL = 1 L 200 mL
민정: 8 L 400 mL − 7 L = 1 L 400 mL

❷ 수조의 실제 들이에 더 가깝게 어림한 사람은?
1 L 200 mL < 1 L 400 mL이므로 → 어림한 들이와 실제 들이의 차가 작을수록 가깝게 어림한 것입니다.
수조의 실제 들이에 더 가깝게 어림한 사람은 재현 입니다.

답 재현

왼쪽 **1** 번과 같이 문제에 색칠하고 밑줄을 그어 가며 문제를 풀어 보세요.

1-1

경환, 상희, 혜원이가 실제 무게가 4 kg인 / 쌀의 무게를 각각 오른쪽과 같이 어림하였습니다. / 쌀의 실제 무게에 / 가장 가깝게 어림한 사람은 누구인가요?

• 경환: 약 4 kg 200 g
• 상희: 약 3 kg 930 g
• 혜원: 약 4 kg 50 g

문제 돌보기

✓ 쌀의 실제 무게는? → 4 kg

✓ 경환, 상희, 혜원이가 각각 어림한 무게는?
→ 경환: 약 4 kg 200 g, 상희: 약 3 kg 930 g,
혜원: 약 4 kg 50 g

✦ 구해야 할 것은?
→ 예 쌀의 실제 무게에 가장 가깝게 어림한 사람

풀이 과정

❶ 경환, 상희, 혜원이가 각각 어림한 무게와 실제 무게의 차는?
경환: 4 kg 200 g − 4 kg = 200 g
상희: 4 kg − 3 kg 930 g = 70 g
혜원: 4 kg 50 g − 4 kg = 50 g

❷ 쌀의 실제 무게에 가장 가깝게 어림한 사람은?
50 g < 70 g < 200 g이므로 쌀의 실제 무게에
가장 가깝게 어림한 사람은 혜원 입니다.

문제가 어려웠나요?
☐ 어려워요. o.o
☐ 적당해요. ^-^
☐ 쉬워요. >o<

답 혜원

문장제 연습하기

★ 얼마나 더 실을 수 있는지 구하기

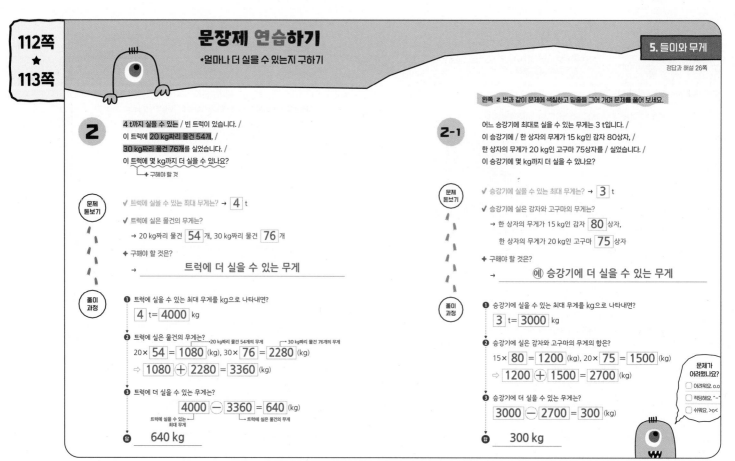

2

4 t까지 실을 수 있는 / 빈 트럭이 있습니다. / 이 트럭에 20 kg짜리 물건 54개, / 30 kg짜리 물건 76개를 실었습니다. / 이 트럭에 몇 kg까지 더 실을 수 있나요?

→ 구해야 할 것

문제 돌보기

✓ 트럭에 실을 수 있는 최대 무게는? → 4 t

✓ 트럭에 실은 물건의 무게는?
→ 20 kg짜리 물건 54 개, 30 kg짜리 물건 76 개

✦ 구해야 할 것은?
→ 트럭에 더 실을 수 있는 무게

풀이 과정

❶ 트럭에 실을 수 있는 최대 무게를 kg으로 나타내면?
4 t = 4000 kg

❷ 트럭에 실은 물건의 무게는?
20 kg짜리 물건 54개의 무게 → 30 kg짜리 물건 76개의 무게 →
20 × 54 = 1080 (kg), 30 × 76 = 2280 (kg)
⇒ 1080 + 2280 = 3360 (kg)

❸ 트럭에 더 실을 수 있는 무게는?
4000 − 3360 = 640 (kg)
트럭에 실을 수 있는 최대 무게 ↑ ↑ 트럭에 실은 물건의 무게

답 640 kg

왼쪽 **2** 번과 같이 문제에 색칠하고 밑줄을 그어 가며 문제를 풀어 보세요.

2-1

어느 승강기에 최대로 실을 수 있는 무게는 3 t입니다. / 이 승강기에 / 한 상자의 무게가 15 kg인 감자 80상자, / 한 상자의 무게가 20 kg인 고구마 75상자를 / 실었습니다. / 이 승강기에 몇 kg까지 더 실을 수 있나요?

문제 돌보기

✓ 승강기에 실을 수 있는 최대 무게는? → 3 t

✓ 승강기에 실은 감자와 고구마의 무게는?
→ 한 상자의 무게가 15 kg인 감자 80 상자,
한 상자의 무게가 20 kg인 고구마 75 상자

✦ 구해야 할 것은?
→ 예 승강기에 더 실을 수 있는 무게

풀이 과정

❶ 승강기에 실을 수 있는 최대 무게를 kg으로 나타내면?
3 t = 3000 kg

❷ 승강기에 실은 감자와 고구마의 무게의 합은?
15 × 80 = 1200 (kg), 20 × 75 = 1500 (kg)
⇒ 1200 + 1500 = 2700 (kg)

❸ 승강기에 더 실을 수 있는 무게는?
3000 − 2700 = 300 (kg)

문제가 어려웠나요?
☐ 어려워요. o.o
☐ 적당해요. ^-^
☐ 쉬워요. >o<

답 300 kg

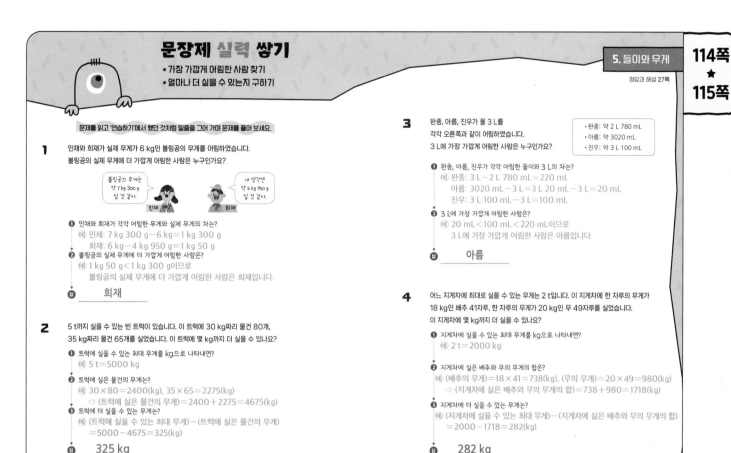

문장제 실력 쌓기

* 가장 가깝게 어림한 사람 찾기
* 얼마나 더 실을 수 있는지 구하기

문제를 읽고 '연습하기'에서 했던 것처럼 밑줄을 그어 가며 문제를 풀어 보세요.

1 민채와 희재가 실제 무게가 6 kg인 볼링공의 무게를 어림하였습니다.
볼링공의 실제 무게에 더 가깝게 어림한 사람은 누구인가요?

볼링공의 무게는 약 7 kg 300 g 일 것 같아. (민채)

내 생각엔 약 4 kg 950 g 일 것 같아. (희재)

❶ 민채와 희재가 각각 어림한 무게와 실제 무게의 차는?
　(예) 민채: 7 kg 300 g−6 kg=1 kg 300 g
　　　희재: 6 kg−4 kg 950 g=1 kg 50 g
❷ 볼링공의 실제 무게에 더 가깝게 어림한 사람은?
　(예) 1 kg 50 g<1 kg 300 g이므로
　　　볼링공의 실제 무게에 더 가깝게 어림한 사람은 희재입니다.

답 　__희재__

2 5 t까지 실을 수 있는 빈 트럭이 있습니다. 이 트럭에 30 kg짜리 물건 80개,
35 kg짜리 물건 65개를 실었습니다. 이 트럭에 몇 kg까지 더 실을 수 있나요?

❶ 트럭에 실을 수 있는 최대 무게를 kg으로 나타내면?
　(예) 5 t=5000 kg
❷ 트럭에 실은 물건의 무게는?
　(예) 30×80=2400(kg), 35×65=2275(kg)
　　　⇨ (트럭에 실은 물건의 무게)=2400+2275=4675(kg)
❸ 트럭에 더 실을 수 있는 무게는?
　(예) (트럭에 실을 수 있는 최대 무게)−(트럭에 실은 물건의 무게)
　　　=5000−4675=325(kg)

답 　__325 kg__

3 완종, 아름, 진우가 물 3 L를
각각 오른쪽과 같이 어림하였습니다.
3 L에 가장 가깝게 어림한 사람은 누구인가요?

· 완종: 약 2 L 780 mL
· 아름: 약 3020 mL
· 진우: 약 3 L 100 mL

❶ 완종, 아름, 진우가 각각 어림한 들이와 3 L의 차는?
　(예) 완종: 3 L−2 L 780 mL=220 mL
　　　아름: 3020 mL−3 L=3 L 20 mL−3 L=20 mL
　　　진우: 3 L 100 mL−3 L=100 mL
❷ 3 L에 가장 가깝게 어림한 사람은?
　(예) 20 mL<100 mL<220 mL이므로
　　　3 L에 가장 가깝게 어림한 사람은 아름입니다.

답 　__아름__

4 어느 지게차에 최대로 실을 수 있는 무게는 2 t입니다. 이 지게차에 한 자루의 무게가
18 kg인 배추 41자루, 한 자루의 무게가 20 kg인 무 49자루를 실었습니다.
이 지게차에 몇 kg까지 더 실을 수 있나요?

❶ 지게차에 실을 수 있는 최대 무게를 kg으로 나타내면?
　(예) 2 t=2000 kg
❷ 지게차에 실은 배추와 무의 무게의 합은?
　(예) (배추의 무게)=18×41=738(kg), (무의 무게)=20×49=980(kg)
　　　(지게차에 실은 배추와 무의 무게의 합)=738+980=1718(kg)
❸ 지게차에 더 실을 수 있는 무게는?
　(예) (지게차에 실을 수 있는 최대 무게)−(지게차에 실은 배추와 무의 무게의 합)
　　　=2000−1718=282(kg)

답 　__282 kg__

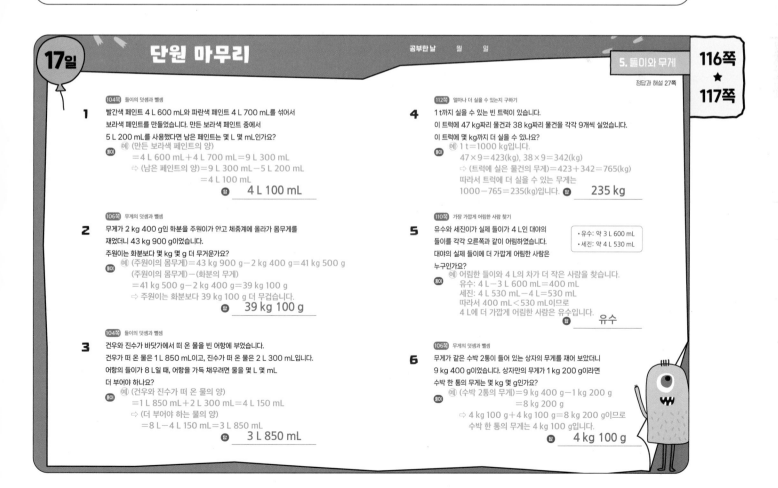

17일 단원 마무리

공부한 날　　월　　일

1 (104쪽 들이의 덧셈과 뺄셈)
빨간색 페인트 4 L 600 mL와 파란색 페인트 4 L 700 mL를 섞어서
보라색 페인트를 만들었습니다. 만든 보라색 페인트 중에서
5 L 200 mL를 사용했다면 남은 페인트는 몇 L 몇 mL인가요?
풀이 (예) (만든 보라색 페인트의 양)
　　　=4 L 600 mL+4 L 700 mL=9 L 300 mL
　　　⇨ (남은 페인트의 양)=9 L 300 mL−5 L 200 mL
　　　=4 L 100 mL
답 __4 L 100 mL__

2 (106쪽 무게의 덧셈과 뺄셈)
무게가 2 kg 400 g인 화분을 주원이가 안고 체중계에 올라가 몸무게를
재었더니 43 kg 900 g이었습니다.
주원이는 화분보다 몇 kg 몇 g 더 무거운가요?
풀이 (예) (주원이의 몸무게)=43 kg 900 g−2 kg 400 g=41 kg 500 g
　　　(주원이의 몸무게)−(화분의 무게)
　　　=41 kg 500 g−2 kg 400 g=39 kg 100 g
　　　⇨ 주원이는 화분보다 39 kg 100 g 더 무겁습니다.
답 __39 kg 100 g__

3 (104쪽 들이의 덧셈과 뺄셈)
건우와 진수가 바닷가에서 떠 온 물을 빈 어항에 부었습니다.
건우가 떠 온 물은 1 L 850 mL이고, 진수가 떠 온 물은 2 L 300 mL입니다.
어항의 들이가 8 L일 때, 어항을 가득 채우려면 물을 몇 L 몇 mL
더 부어야 하나요?
풀이 (예) (건우와 진수가 떠 온 물의 양)
　　　=1 L 850 mL+2 L 300 mL=4 L 150 mL
　　　⇨ (더 부어야 하는 물의 양)
　　　=8 L−4 L 150 mL=3 L 850 mL
답 __3 L 850 mL__

4 (112쪽 얼마나 더 실을 수 있는지 구하기)
1 t까지 실을 수 있는 빈 트럭이 있습니다.
이 트럭에 47 kg짜리 물건과 38 kg짜리 물건을 각각 9개씩 실었습니다.
이 트럭에 몇 kg까지 더 실을 수 있나요?
풀이 (예) 1 t=1000 kg입니다.
　　　47×9=423(kg), 38×9=342(kg)
　　　⇨ (트럭에 실은 물건의 무게)=423+342=765(kg)
　　　따라서 트럭에 더 실을 수 있는 무게는
　　　1000−765=235(kg)입니다. 답 __235 kg__

5 (110쪽 가장 가깝게 어림한 사람 찾기)
유수와 세진이 실제 들이가 4 L인 대야의
들이를 각각 오른쪽과 같이 어림하였습니다.
대야의 실제 들이에 더 가깝게 어림한 사람은
누구인가요?

· 유수: 약 3 L 600 mL
· 세진: 약 4 L 530 mL

풀이 (예) 어림한 들이와 4 L의 차가 더 작은 사람을 찾습니다.
　　　유수: 4 L−3 L 600 mL=400 mL
　　　세진: 4 L 530 mL−4 L=530 mL
　　　따라서 400 mL<530 mL이므로
　　　4 L에 더 가깝게 어림한 사람은 유수입니다. 답 __유수__

6 (106쪽 무게의 덧셈과 뺄셈)
무게가 같은 수박 2통이 들어 있는 상자의 무게를 재어 보았더니
9 kg 400 g이었습니다. 상자만의 무게가 1 kg 200 g이라면
수박 한 통의 무게는 몇 kg 몇 g인가요?
풀이 (예) (수박 2통의 무게)=9 kg 400 g−1 kg 200 g
　　　=8 kg 200 g
　　　⇨ 4 kg 100 g+4 kg 100 g=8 kg 200 g이므로
　　　수박 한 통의 무게는 4 kg 100 g입니다.
답 __4 kg 100 g__

118쪽
★
119쪽

단원 마무리

맞은 개수 / 10개   걸린 시간 / 40분

5. 들이와 무게

정답과 해설 28쪽

7 [104쪽] 들이의 덧셈과 뺄셈

윤희와 수아가 산 주스의 들이입니다. 누가 산 주스의 들이가 몇 mL 더 적은가요?

	윤희	수아
사과주스	3 L 200 mL	2 L 800 mL
당근주스	1 L 900 mL	2 L 500 mL

풀이 예 (윤희가 산 주스의 양)=3 L 200 mL+1 L 900 mL
=5 L 100 mL
(수아가 산 주스의 양)=2 L 800 mL+2 L 500 mL
=5 L 300 mL
따라서 5 L 100 mL<5 L 300 mL이므로 윤희가 산 주스의
들이가 5 L 300 mL−5 L 100 mL=200 mL 더 적습니다.

답 윤희 , 200 mL

8 [110쪽] 가장 가깝게 어림한 사람 찾기

영미, 준용, 현아가 실제 무게가 2 kg인 멜론의
무게를 각각 오른쪽과 같이 어림하였습니다.
멜론의 실제 무게에 가장 가깝게 어림한 사람은
누구인가요?

· 영미: 약 2 kg 80 g
· 준용: 약 1 kg 900 g
· 현아: 약 2150 g

풀이 예 어림한 무게와 2 kg의 차가 가장 작은 사람을 찾습니다.
영미: 2 kg 80 g−2 kg=80 g
준용: 2 kg−1 kg 900 g=100 g
현아: 2150 g−2 kg=2 kg 150 g−2 kg=150 g
따라서 80 g<100 g<150 g이므로 2 kg에 가장
가깝게 어림한 사람은 영미입니다.

답 영미

9 [112쪽] 얼마나 더 실을 수 있는지 구하기

어느 승강기에 최대로 실을 수 있는 무게는 9 t입니다. 이 승강기에 한 상자의
무게가 50 kg인 타일 94상자, 한 상자의 무게가 65 kg인 시멘트 57상자를
실었습니다. 이 승강기에 몇 kg까지 더 실을 수 있나요?

풀이 예 9 t=9000 kg입니다.
(승강기에 실은 타일의 무게)=50×94=4700(kg),
(승강기에 실은 시멘트의 무게)=65×57=3705(kg)
⇨ (승강기에 실은 타일과 시멘트의 무게의 합)
=4700+3705=8405(kg)
따라서 승강기에 더 실을 수 있는 무게는
9000−8405=595(kg)입니다.

답 595 kg

도전! 10 [106쪽] 무게의 덧셈과 뺄셈

빈 상자에 무게가 같은 음료수 캔 6개를 담아 무게를 재었더니
2 kg 50 g이었습니다. 여기에 똑같은 음료수 캔 3개를 더 담았더니
2 kg 800 g이 되었습니다. 빈 상자의 무게는 몇 g인가요?

❶ 음료수 캔 3개의 무게는?
예 2 kg 800 g−2 kg 50 g=750 g

❷ 음료수 캔 6개의 무게는?
예 750 g+750 g=1 kg 500 g

❸ 빈 상자의 무게는?
예 (음료수 캔 6개를 담은 상자의 무게)−(음료수 캔 6개의 무게)
=2 kg 50 g−1 kg 500 g=550 g

내가
지다니…

답 550 g

6. 그림그래프

문장제 준비하기

함께 풀어 봐요!
화살표를 따라가며 문장을 완성해 보세요.

시작!

나는 '마롱'이다! 용케 여기까지 왔군. 여기 있는 문장들도 모두 완성해야 지나갈 수 있어.

함정

이제 마지막 단원이야. 조금만 더 힘내!

정답과 해설 29쪽

1

색깔별 젤리의 수를 표로 나타내면 다음과 같아.

색깔별 젤리의 수

색깔	분홍색	보라색	초록색	합계
젤리의 수(개)	5	12	7	24

표를 그림그래프로 나타내면?

색깔별 젤리의 수

색깔	젤리의 수
분홍색	
보라색	
초록색	

10개   1개

가장 많은 젤리는 **보라** 색 젤리야.

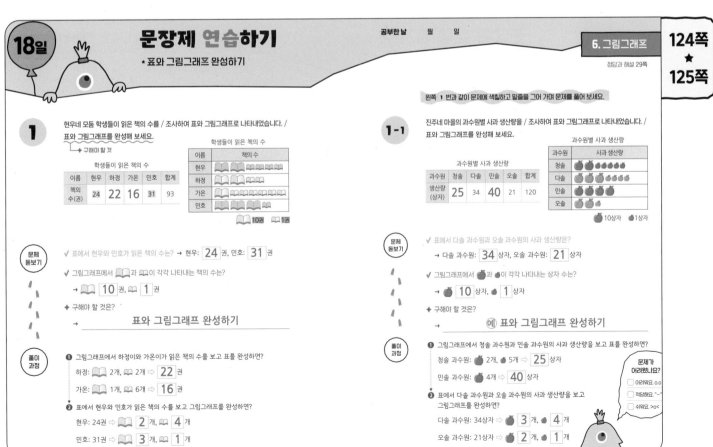

18일 **문장제 연습하기**
*표와 그림그래프 완성하기

공부한 날   월   일

정답과 해설 29쪽

1 현우네 모둠 학생들이 읽은 책의 수를 / 조사하여 표와 그림그래프로 나타내었습니다. / 표와 그림그래프를 완성해 보세요.
┕→ 구해야 할 것

학생들이 읽은 책의 수

이름	현우	하정	가온	민호	합계
책의 수(권)	24	22	16	31	93

학생들이 읽은 책의 수

이름	책의 수
현우	
하정	
가온	
민호	

📖10권 📖1권

문제 돌보기

✓ 표에서 현우와 민호가 읽은 책의 수는? → 현우: **24** 권, 민호: **31** 권

✓ 그림그래프에서 📖과 📖이 각각 나타내는 책의 수는?
→ 📖 **10** 권, 📖 **1** 권

✦ 구해야 할 것은?
→ 표와 그림그래프 완성하기

풀이 과정

❶ 그림그래프에서 하정이와 가온이가 읽은 책의 수를 보고 표를 완성하면?
하정: 📖 2개, 📖 2개 ⇨ **22** 권
가온: 📖 1개, 📖 6개 ⇨ **16** 권

❷ 표에서 현우와 민호가 읽은 책의 수를 보고 그림그래프를 완성하면?
현우: 24권 ⇨ 📖 **2** 개, 📖 **4** 개
민호: 31권 ⇨ 📖 **3** 개, 📖 **1** 개

1-1 진주네 마을의 과수원별 사과 생산량을 / 조사하여 표와 그림그래프로 나타내었습니다. / 표와 그림그래프를 완성해 보세요.

과수원별 사과 생산량

과수원	청솔	다솔	민솔	오솔	합계
생산량(상자)	25	34	40	21	120

과수원별 사과 생산량

과수원	사과 생산량
청솔	
다솔	
민솔	
오솔	

🍎10상자 🍎1상자

왼쪽 **1** 번과 같이 문제에 색칠하고 밑줄을 그어 가며 문제를 풀어 보세요.

문제 돌보기

✓ 표에서 다솔 과수원과 오솔 과수원의 사과 생산량은?
→ 다솔 과수원: **34** 상자, 오솔 과수원: **21** 상자

✓ 그림그래프에서 🍎과 🍎이 각각 나타내는 상자 수는?
→ 🍎 **10** 상자, 🍎 **1** 상자

✦ 구해야 할 것은?
→ **예)** 표와 그림그래프 완성하기

풀이 과정

❶ 그림그래프에서 청솔 과수원과 민솔 과수원의 사과 생산량을 보고 표를 완성하면?
청솔 과수원: 🍎 2개, 🍎 5개 ⇨ **25** 상자
민솔 과수원: 🍎 4개 ⇨ **40** 상자

❷ 표에서 다솔 과수원과 오솔 과수원의 사과 생산량을 보고 그림그래프를 완성하면?
다솔 과수원: 34상자 ⇨ 🍎 **3** 개, 🍎 **4** 개
오솔 과수원: 21상자 ⇨ 🍎 **2** 개, 🍎 **1** 개

문제가 어려웠나요?
☐ 어려워요 o.o
☐ 적당해요 ^-^
☐ 쉬워요 >o<

문장제 연습하기

★ 그림의 단위를 구하여
항목의 수 구하기

왼쪽 **2**번과 같이 문제에 색칠하고 밑줄을 그어 가며 문제를 풀어 보세요.

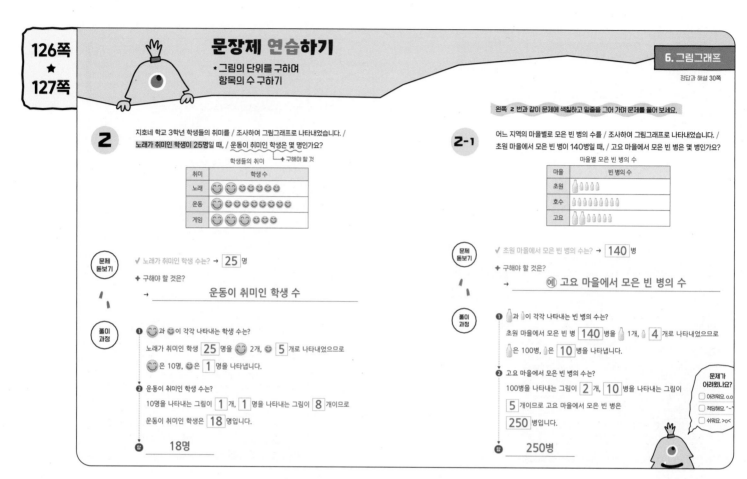

2 지호네 학교 3학년 학생들의 취미를 / 조사하여 그림그래프로 나타내었습니다. / 노래가 취미인 학생이 25명일 때, / 운동이 취미인 학생은 몇 명인가요?

학생들의 취미 ← 구해야 할 것

취미	학생 수
노래	😊😊 😊😊😊😊😊
운동	😊 😊😊😊😊😊😊😊
게임	😊😊😊 😊😊

문제 돌보기

✓ 노래가 취미인 학생 수는? → 25 명

✦ 구해야 할 것은?

→ 운동이 취미인 학생 수

풀이 과정

❶ 😊과 😊이 각각 나타내는 학생 수는?

노래가 취미인 학생 25 명을 😊 2개, 😊 5 개로 나타내었으므로

😊은 10명, 😊은 1 명을 나타냅니다.

❷ 운동이 취미인 학생 수는?

10명을 나타내는 그림이 1 개, 1 명을 나타내는 그림이 8 개이므로

운동이 취미인 학생은 18 명입니다.

답 18명

2-1 어느 지역의 마을별로 모은 빈 병의 수를 / 조사하여 그림그래프로 나타내었습니다. / 초원 마을에서 모은 빈 병이 140병일 때, / 고요 마을에서 모은 빈 병은 몇 병인가요?

마을별 모은 빈 병의 수

마을	빈 병의 수
초원	🍾🍾🍾🍾
호수	🍾🍾🍾🍾🍾🍾🍾🍾
고요	🍾🍾🍾🍾🍾

문제 돌보기

✓ 초원 마을에서 모은 빈 병의 수는? → 140 병

✦ 구해야 할 것은?

→ 예 고요 마을에서 모은 빈 병의 수

풀이 과정

❶ 🍾과 🍾이 각각 나타내는 빈 병의 수는?

초원 마을에서 모은 빈 병 140 병을 🍾 1개, 🍾 4 개로 나타내었으므로

🍾은 100병, 🍾은 10 병을 나타냅니다.

❷ 고요 마을에서 모은 빈 병의 수는?

100병을 나타내는 그림이 2 개, 10 병을 나타내는 그림이

5 개이므로 고요 마을에서 모은 빈 병은

250 병입니다.

답 250병

문제가 어려웠나요?

☐ 어려워요. o.o
☐ 적당해요. ˆ-ˆ
☐ 쉬워요. >o<

문장제 실력 쌓기

★ 표와 그림그래프 완성하기
★ 그림의 단위를 구하여 항목의 수 구하기

문제를 읽고 '연습하기'에서 했던 것처럼 밑줄을 그어 가며 문제를 풀어 보세요.

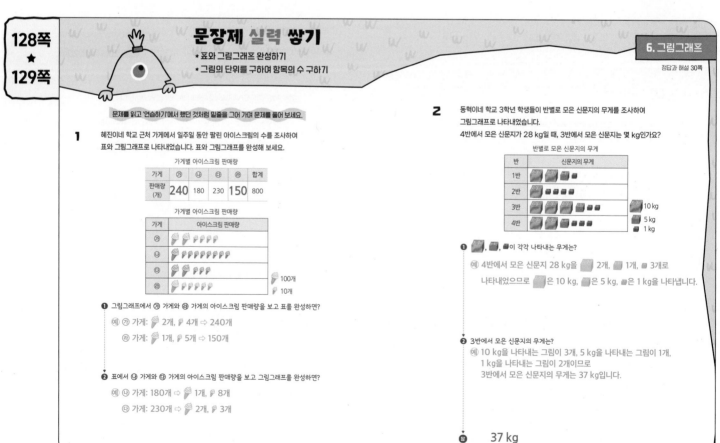

1 혜진이네 학교 근처 가게에서 일주일 동안 팔린 아이스크림의 수를 조사하여 표와 그림그래프로 나타내었습니다. 표와 그림그래프를 완성해 보세요.

가게별 아이스크림 판매량

가게	㉮	㉯	㉰	㉱	합계
판매량(개)	240	180	230	150	800

가게별 아이스크림 판매량

가게	아이스크림 판매량
㉮	🍦🍦 🍦🍦🍦🍦
㉯	🍦 🍦🍦🍦🍦🍦🍦🍦
㉰	🍦🍦 🍦🍦🍦
㉱	🍦 🍦🍦🍦🍦🍦

🍦100개
🍦10개

❶ 그림그래프에서 ㉮ 가게와 ㉱ 가게의 아이스크림 판매량을 보고 표를 완성하면?

예 ㉮ 가게: 🍦 2개, 🍦 4개 ➡ 240개

㉱ 가게: 🍦 1개, 🍦 5개 ➡ 150개

❷ 표에서 ㉯ 가게와 ㉰ 가게의 아이스크림 판매량을 보고 그림그래프를 완성하면?

예 ㉯ 가게: 180개 ➡ 🍦 1개, 🍦 8개

㉰ 가게: 230개 ➡ 🍦 2개, 🍦 3개

2 동혁이네 학교 3학년 학생들이 반별로 모은 신문지의 무게를 조사하여 그림그래프로 나타내었습니다.

4반에서 모은 신문지가 28 kg일 때, 3반에서 모은 신문지는 몇 kg인가요?

반별로 모은 신문지의 무게

반	신문지의 무게
1반	📰 📰📰📰
2반	📰📰 📰
3반	📰📰📰 📰 📰📰
4반	📰📰 📰 📰📰📰

📦10 kg
📄5 kg
▪1 kg

❶ 📦, 📄, ▪이 각각 나타내는 무게는?

예 4반에서 모은 신문지 28 kg을 📦 2개, 📄 1개, ▪ 3개로
나타내었으므로 📦은 10 kg, 📄은 5 kg, ▪은 1 kg을 나타냅니다.

❷ 3반에서 모은 신문지의 무게는?

예 10 kg을 나타내는 그림이 3개, 5 kg을 나타내는 그림이 1개,
1 kg을 나타내는 그림이 2개이므로
3반에서 모은 신문지의 무게는 37 kg입니다.

답 37 kg

19일

문장제 연습하기

* 그림그래프에서 가장 많은(적은) 항목 찾기

공부한 날 월 일

6. 그림그래프

정답과 해설 31쪽

130쪽 ★ 131쪽

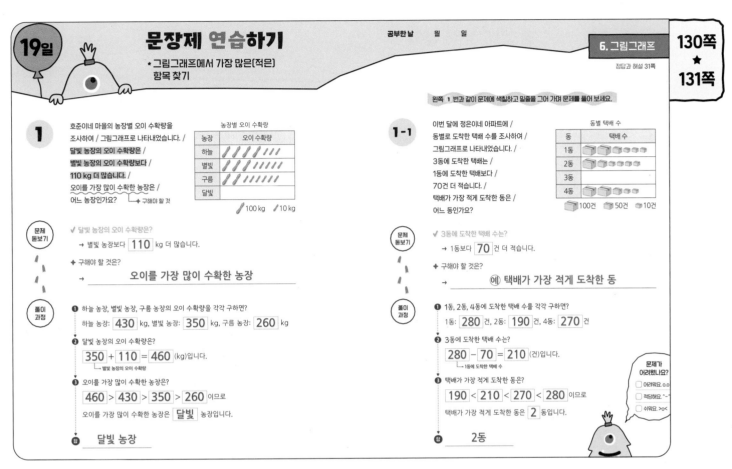

1 호준이네 마을의 농장별 오이 수확량을 조사하여 / 그림그래프로 나타내었습니다. / 달빛 농장의 오이 수확량은 / 별빛 농장의 오이 수확량보다 / 110 kg 더 많습니다. / 오이를 가장 많이 수확한 농장은 / 어느 농장인가요? (구해야 할 것)

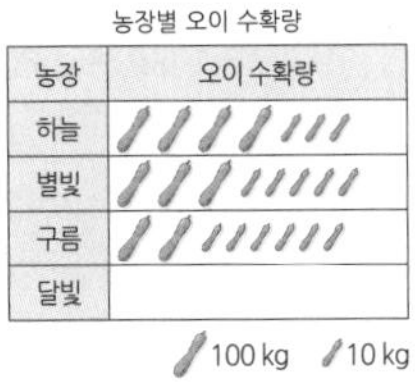

농장별 오이 수확량
농장
오이 수확량
하늘
별빛
구름
달빛
100 kg
10 kg

문제 돋보기

✓ 달빛 농장의 오이 수확량은?
→ 별빛 농장보다 110 kg 더 많습니다.

✦ 구해야 할 것은?
→ 오이를 가장 많이 수확한 농장

풀이 과정

❶ 하늘 농장, 별빛 농장, 구름 농장의 오이 수확량을 각각 구하면?
하늘 농장: 430 kg, 별빛 농장: 350 kg, 구름 농장: 260 kg

❷ 달빛 농장의 오이 수확량은?
350 + 110 = 460 (kg)입니다.
(별빛 농장의 오이 수확량)

❸ 오이를 가장 많이 수확한 농장은?
460 > 430 > 350 > 260 이므로
오이를 가장 많이 수확한 농장은 달빛 농장입니다.

답 달빛 농장

왼쪽 1 번과 같이 문제에 색칠하고 밑줄을 그어 가며 문제를 풀어 보세요.

1-1 이번 달에 정은이네 아파트에 / 동별로 도착한 택배 수를 조사하여 / 그림그래프로 나타내었습니다. / 3동에 도착한 택배는 / 1동에 도착한 택배보다 / 70건 더 적습니다. / 택배가 가장 적게 도착한 동은 / 어느 동인가요?

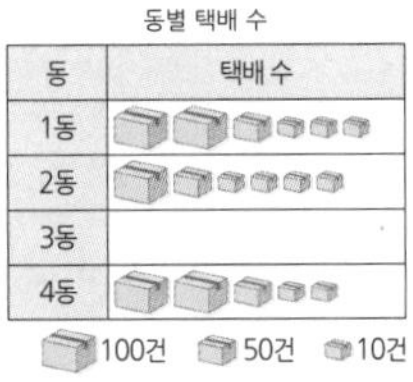

동별 택배 수
동
택배 수
1동
2동
3동
4동
100건
50건
10건

문제 돋보기

✓ 3동에 도착한 택배 수는?
→ 1동보다 70 건 더 적습니다.

✦ 구해야 할 것은?
→ 예) 택배가 가장 적게 도착한 동

풀이 과정

❶ 1동, 2동, 4동에 도착한 택배 수를 각각 구하면?
1동: 280 건, 2동: 190 건, 4동: 270 건

❷ 3동에 도착한 택배 수는?
280 − 70 = 210 (건)입니다.
(1동에 도착한 택배 수)

❸ 택배가 가장 적게 도착한 동은?
190 < 210 < 270 < 280 이므로
택배가 가장 적게 도착한 동은 2 동입니다.

답 2동

문제가 어려웠나요?
□ 어려워요. o.o
□ 적당해요. ^-^
□ 쉬워요. >o<

문장제 연습하기

* 조건에 맞는 자료의 수 구하기

6. 그림그래프

정답과 해설 31쪽

132쪽 ★ 133쪽

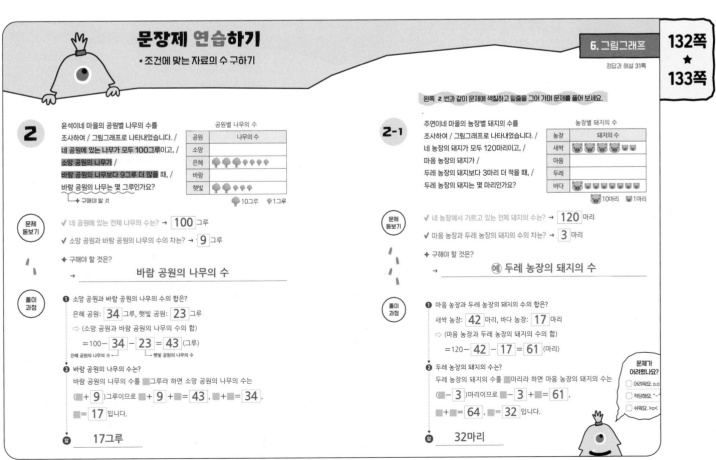

2 윤석이네 마을의 공원별 나무의 수를 조사하여 / 그림그래프로 나타내었습니다. / 네 공원에 있는 나무가 모두 100그루이고, / 소망 공원의 나무가 / 바람 공원의 나무보다 9그루 더 많을 때, / 바람 공원의 나무는 몇 그루인가요? (구해야 할 것)

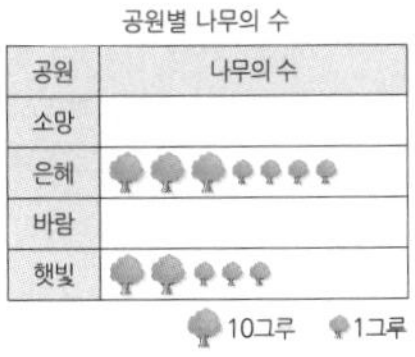

공원별 나무의 수
공원
나무의 수
소망
은혜
바람
햇빛
10그루
1그루

문제 돋보기

✓ 네 공원에 있는 전체 나무의 수는? → 100 그루

✓ 소망 공원과 바람 공원의 나무의 수의 차는? → 9 그루

✦ 구해야 할 것은?
→ 바람 공원의 나무의 수

풀이 과정

❶ 소망 공원과 바람 공원의 나무의 수의 합은?
은혜 공원: 34 그루, 햇빛 공원: 23 그루
⇨ (소망 공원과 바람 공원의 나무의 수의 합)
= 100 − 34 − 23 = 43 (그루)
(은혜 공원의 나무의 수) (햇빛 공원의 나무의 수)

❷ 바람 공원의 나무의 수는?
바람 공원의 나무의 수를 ■그루라 하면 소망 공원의 나무의 수는
(■ + 9)그루이므로 ■ + 9 + ■ = 43, ■ + ■ = 34,
■ = 17 입니다.

답 17그루

왼쪽 2 번과 같이 문제에 색칠하고 밑줄을 그어 가며 문제를 풀어 보세요.

2-1 주연이네 마을의 농장별 돼지의 수를 조사하여 / 그림그래프로 나타내었습니다. / 네 농장의 돼지가 모두 120마리이고, / 마음 농장의 돼지가 / 두레 농장의 돼지보다 3마리 더 적을 때, / 두레 농장의 돼지는 몇 마리인가요?

농장별 돼지의 수
농장
돼지의 수
새싹
마음
두레
바다
10마리
1마리

문제 돋보기

✓ 네 농장에서 기르고 있는 전체 돼지의 수는? → 120 마리

✓ 마음 농장과 두레 농장의 돼지의 수의 차는? → 3 마리

✦ 구해야 할 것은?
→ 예) 두레 농장의 돼지의 수

풀이 과정

❶ 마음 농장과 두레 농장의 돼지의 수의 합은?
새싹 농장: 42 마리, 바다 농장: 17 마리
⇨ (마음 농장과 두레 농장의 돼지의 수의 합)
= 120 − 42 − 17 = 61 (마리)

❷ 두레 농장의 돼지의 수는?
두레 농장의 돼지의 수를 ■마리라 하면 마음 농장의 돼지의 수는
(■ − 3)마리이므로 ■ − 3 + ■ = 61,
■ + ■ = 64, ■ = 32 입니다.

답 32마리

문제가 어려웠나요?
□ 어려워요. o.o
□ 적당해요. ^-^
□ 쉬워요. >o<

문장제 실력 쌓기

* 그림그래프에서 가장 많은(적은) 항목 찾기
* 조건에 맞는 자료의 수 구하기

문제를 읽고 '연습하기'에서 했던 것처럼 밑줄을 그어 가며 문제를 풀어 보세요.

1 어느 가게에서 일주일 동안 팔린 음식의 양을 조사하여 그림그래프로 나타내었습니다.
김밥의 판매량은 떡볶이의 판매량보다 130그릇 더 많습니다.
가장 많이 팔린 음식부터 차례로 써 보세요.

음식별 판매량

음식	판매량
떡볶이	◯◯◯◯◯
김밥	
볶음밥	◯◯◯◯◯◯
돈가스	◯◯◯◯◯◯◯

◯100그릇 ◯50그릇 ◯10그릇

❶ 떡볶이, 볶음밥, 돈가스의 판매량을 각각 구하면?
　(예) 떡볶이: 180그릇, 볶음밥: 360그릇, 돈가스: 270그릇

❷ 김밥의 판매량은?
　(예) (떡볶이의 판매량)+130=180+130=310(그릇)

❸ 가장 많이 팔린 음식부터 차례로 쓰면?
　(예) 360>310>270>180이므로
　가장 많이 팔린 음식부터 차례로 쓰면
　볶음밥, 김밥, 돈가스, 떡볶이입니다.

답 __볶음밥, 김밥, 돈가스, 떡볶이__

2 어느 지역의 마을에서 일주일 동안 생산한 쌀의 양을 조사하여 그림그래프로
나타내었습니다. 네 마을에서 생산한 쌀의 양이 모두 1500 kg이고,
㉮ 마을의 쌀 생산량이 ㉯ 마을의 쌀 생산량보다 130 kg 더 많을 때,
㉰ 마을의 쌀 생산량은 몇 kg인가요?

마을별 쌀 생산량

마을	쌀 생산량
㉮	▨▨▨▨▨
㉯	▨▨▨▨
㉰	
㉱	

▨100 kg ▨10 kg

❶ ㉰ 마을과 ㉱ 마을의 쌀 생산량의 합은?
　(예) ㉮ 마을: 410 kg, ㉯ 마을: 500 kg
　⇨ (㉰ 마을과 ㉱ 마을의 쌀 생산량의 합)
　　=1500-410-500
　　=590(kg)

❷ ㉰ 마을의 쌀 생산량은?
　(예) ㉱ 마을의 쌀 생산량을 ■ kg이라 하면
　㉰ 마을의 쌀 생산량은 (■+130)kg이므로
　■+■+130=590, ■+■=460, ■=230입니다.
　따라서 ㉰ 마을의 쌀 생산량은 230 kg입니다.

답 __230 kg__

20일 단원 마무리

공부한 날　　월　　일

1 124쪽 표와 그림그래프 완성하기
영식이네 마을의 과수원별 귤 생산량을 조사하여 표와 그림그래프로
나타내었습니다. 표와 그림그래프를 완성해 보세요.

과수원별 귤 생산량

과수원	㉮	㉯	㉰	㉱	합계
생산량(상자)	30	42	23	25	120

과수원별 귤 생산량

과수원	귤 생산량
㉮	◯◯◯
㉯	◯◯◯◯
㉰	◯◯
㉱	◯◯

◯10상자 ◯1상자

풀이 (예) 그림그래프에서 ㉯ 과수원과 ㉰ 과수원의 귤 생산량을 보고
　표를 완성합니다.
　㉯ 과수원: ◯ 4개, ◯ 2개 ⇨ 42상자
　㉰ 과수원: ◯ 2개, ◯ 3개 ⇨ 23상자
표에서 ㉮ 과수원과 ㉱ 과수원의 귤 생산량을 보고 그림그래프를 완성합니다.
㉮ 과수원: 30상자 ⇨ ◯ 3개, ㉱ 과수원: 25상자 ⇨ ◯ 2개, ◯ 5개

2 126쪽 그림의 단위를 구하여 항목의 수 구하기
영민이네 마을의 목장에서 일주일 동안
생산한 우유의 양을 조사하여
그림그래프로 나타내었습니다.
㉮ 목장의 우유 생산량이 32 kg일 때,
㉯ 목장의 우유 생산량은 몇 kg인가요?

목장별 우유 생산량

목장	우유 생산량
㉮	▯▯▯▯▯
㉯	▯▯▯▯▯▯▯▯
㉰	▯▯▯▯▯▯▯

풀이 (예) ㉮ 목장의 우유 생산량 32 kg을 ▯ 3개, ▯ 2개로
　나타내었으므로 ▯은 10 kg, ▯은 1 kg을 나타냅니다.
　㉯ 목장의 우유 생산량은 10 kg을 나타내는 그림이 2개,
　1 kg을 나타내는 그림이 6개이므로 26 kg입니다.

답 __26 kg__

3 130쪽 그림그래프에서 가장 많은(적은) 항목 찾기
의서네 학교 3학년 학생들이 받고
싶은 선물을 조사하여 그림그래프로
나타내었습니다.
게임기를 받고 싶은 학생 수는
책가방을 받고 싶은 학생 수의
2배일 때, 가장 많은 학생들이
받고 싶은 선물은 무엇인가요?

학생들이 받고 싶은 선물

선물	학생 수
휴대전화	☺☺☺☺☺
게임기	
책가방	☺☺☺☺☺☺☺
운동화	☺☺☺☺☺☺

☺10명 ☺1명

풀이 (예) 휴대전화: 50명, 게임기: 27×2=54(명),
　책가방: 27명, 운동화: 34명
　54>50>34>27이므로
　가장 많은 학생들이 받고 싶은 선물은 게임기입니다.

답 __게임기__

4 130쪽 그림그래프에서 가장 많은(적은) 항목 찾기
어느 만두 가게에서 하루 동안 팔린
만두의 수를 조사하여 그림그래프로
나타내었습니다. 김치만두는
고기만두보다 70개 더 많이 팔렸고,
새우만두는 갈비만두보다 20개 더
많이 팔렸습니다. 가장 적게 팔린
만두부터 차례로 써 보세요.

종류별 팔린 만두의 수

종류	만두의 수
고기	◯◯◯◯◯◯◯◯◯
김치	
갈비	◯◯◯◯
새우	

◯100개 ◯10개

풀이 (예) 고기만두: 360개, 김치만두: 360-70=290(개),
　갈비만두: 130개, 새우만두: 130+20=150(개)
　130<150<290<360이므로
　가장 적게 팔린 만두부터 차례로 쓰면
　갈비만두, 새우만두, 김치만두, 고기만두입니다.

답 __갈비만두, 새우만두, 김치만두, 고기만두__

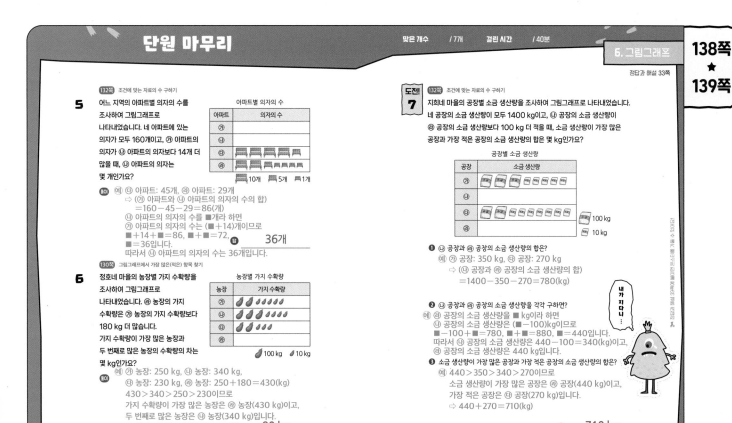

5 `132쪽` 조건에 맞는 자료의 수 구하기

어느 지역의 아파트별 의자의 수를 조사하여 그림그래프로 나타내었습니다. 네 아파트에 있는 의자가 모두 160개이고, ㉠ 아파트의 의자가 ㉡ 아파트의 의자보다 14개 더 많을 때, ㉡ 아파트의 의자는 몇 개인가요?

아파트별 의자의 수

아파트	의자의 수
㉠	
㉡	
㉢	🛋🛋🛋🛋🛋
㉣	🛋🛋🪑🪑🪑🪑

🛋10개 🪑5개 🛏1개

풀이 예) ㉢ 아파트: 45개, ㉣ 아파트: 29개
⇨ (㉠ 아파트와 ㉡ 아파트의 의자의 수의 합)
  =160−45−29=86(개)
㉡ 아파트의 의자의 수를 ■개라 하면
㉠ 아파트의 의자의 수는 (■+14)개이므로
■+14+■=86, ■+■=72, ■=36입니다.
따라서 ㉡ 아파트의 의자의 수는 36입니다.

답 **36개**

6 `130쪽` 그림그래프에서 가장 많은(적은) 항목 찾기

정호네 마을의 농장별 가지 수확량을 조사하여 그림그래프로 나타내었습니다. ㉣ 농장의 가지 수확량은 ㉠ 농장의 가지 수확량보다 180 kg 더 많습니다.
가지 수확량이 가장 많은 농장과 두 번째로 많은 농장의 수확량의 차는 몇 kg인가요?

농장별 가지 수확량

농장	가지 수확량
㉠	🍆🍆🍆🍆🍆
㉡	🍆🍆🍆🍆🍆🍆
㉢	🍆🍆🍆🍆
㉣	

🍆100 kg 🍆10 kg

풀이 ㉠ 농장: 250 kg, ㉡ 농장: 340 kg,
㉢ 농장: 230 kg, ㉣ 농장: 250+180=430(kg)
430＞340＞250＞230이므로
가지 수확량이 가장 많은 농장은 ㉣ 농장(430 kg)이고,
두 번째로 많은 농장은 ㉡ 농장(340 kg)입니다.
⇨ 430−340=90(kg)

답 **90 kg**

도전! **7** `132쪽` 조건에 맞는 자료의 수 구하기

지희네 마을의 공장별 소금 생산량을 조사하여 그림그래프로 나타내었습니다.
네 공장의 소금 생산량이 모두 1400 kg이고, ㉡ 공장의 소금 생산량이
㉣ 공장의 소금 생산량보다 100 kg 더 적을 때, 소금 생산량이 가장 많은
공장과 가장 적은 공장의 소금 생산량의 합은 몇 kg인가요?

공장별 소금 생산량

공장	소금 생산량
㉠	🧂🧂🧂🧂🧂🧂🧂
㉡	
㉢	🧂🧂🧂🧂🧂🧂🧂🧂🧂
㉣	

🧂100 kg 🧂10 kg

❶ ㉡ 공장과 ㉣ 공장의 소금 생산량의 합은?
예) ㉠ 공장: 350 kg, ㉢ 공장: 270 kg
⇨ (㉡ 공장과 ㉣ 공장의 소금 생산량의 합)
  =1400−350−270=780(kg)

❷ ㉡ 공장과 ㉣ 공장의 소금 생산량을 각각 구하면?
예) ㉡ 공장의 소금 생산량을 ■ kg이라 하면
㉣ 공장의 소금 생산량은 (■−100)kg이므로
■−100+■=780, ■+■=880, ■=440입니다.
따라서 ㉡ 공장의 소금 생산량은 440−100=340(kg)이고,
㉣ 공장의 소금 생산량은 440 kg입니다.

❸ 소금 생산량이 가장 많은 공장과 가장 적은 공장의 소금 생산량의 합은?
예) 440＞350＞340＞270이므로
소금 생산량이 가장 많은 공장은 ㉡ 공장(440 kg)이고,
가장 적은 공장은 ㉢ 공장(270 kg)입니다.
⇨ 440+270=710(kg)

내가 지다니…

답 **710 kg**

실력 평가

1 진주네 반 남학생은 15명이고, 여학생은 13명입니다. 공책을 진주네 반 전체 학생에게 한 명당 26권씩 주려면 필요한 공책은 모두 몇 권인가요?

(풀이) 예 진주네 반 학생 수는 15+13=28(명)입니다.
따라서 필요한 공책은 모두 28×26=728(권)입니다.

답 728권

2 화성이는 하루에 15쪽씩 8일 동안 읽은 과학책을 다시 읽으려고 합니다. 매일 똑같은 쪽수씩 5일 만에 모두 읽으려면 하루에 몇 쪽씩 읽어야 하나요?

(풀이) 예 과학책의 전체 쪽수는 15×8=120(쪽)입니다.
따라서 화성이가 5일 만에 모두 읽으려면 하루에 120÷5=24(쪽)씩 읽어야 합니다.

답 24쪽

3 원의 반지름이 11 cm일 때, 삼각형 ㅇㄱㄴ의 세 변의 길이의 합은 몇 cm인가요?

(풀이) 예 선분 ㅇㄱ과 선분 ㅇㄴ은 원의 반지름이므로 (선분 ㅇㄱ)=(선분 ㅇㄴ)=11 cm입니다.
⇨ (삼각형 ㅇㄱㄴ의 세 변의 길이의 합) =11+11+15=37(cm)

15 cm

답 37 cm

4 3장의 수 카드 2 , 7 , 4 중에서 2장을 뽑아 한 번씩만 사용하여 소수 ■.▲를 만들려고 합니다.
만들 수 있는 소수 중에서 가장 큰 수를 구해 보세요.

(풀이) 예 소수의 크기가 가장 크려면 왼쪽부터 큰 수를 차례로 놓습니다.
수 카드의 수의 크기를 비교하면 7>4>2이므로 만들 수 있는 소수 중에서 가장 큰 수는 7.4입니다.

답 7.4

5 은주네 학교 3학년 학생들의 장래 희망을 조사하여 그림그래프로 나타내었습니다. 장래 희망이 의사인 학생은 운동선수인 학생보다 19명 더 많습니다. 가장 많은 학생들의 장래 희망은 무엇인가요?

장래 희망	학생 수
연예인	☺☺☺
운동선수	☺☺ ☺☺☺☺☺
의사	
선생님	☺☺☺☺ ☺

☺ 10명 ☺ 1명

(풀이) 예 연예인: 33명, 운동선수: 25명, 의사: 25+19=44(명), 선생님: 41명
44>41>33>25이므로 가장 많은 학생들의 장래 희망은 의사입니다.

답 의사

---

6 어떤 수에 45를 곱해야 할 것을 잘못하여 45를 뺐더니 36이 되었습니다. 바르게 계산한 값은 얼마인가요?

(풀이) 예 어떤 수를 ■라 하면 ■-45=36
⇨ 36+45=■, ■=81입니다.
따라서 바르게 계산한 값은 81×45=3645입니다.

답 3645

7 축구공 90개를 바구니에 모두 담으려고 합니다. 한 바구니에 8개까지 담을 수 있다면 바구니는 적어도 몇 개 필요한가요?

(풀이) 예 90÷8=11 … 2이므로 축구공을 바구니 11개에 담으면 2개가 남습니다.
따라서 남는 2개도 담아야 하므로 바구니는 적어도 11+1=12(개) 필요합니다.

답 12개

8 무게가 같은 밀가루 3봉지가 들어 있는 상자의 무게를 재어 보았더니 3 kg 850 g이었습니다. 상자만의 무게가 1 kg 150 g이라면 밀가루 한 봉지의 무게는 몇 g인가요?

(풀이) 예 (밀가루 3봉지의 무게)=3 kg 850 g-1 kg 150 g
=2 kg 700 g=2700 g
⇨ 900 g+900 g+900 g=2700 g이므로 밀가루 한 봉지의 무게는 900 g입니다.

답 900 g

9 크기가 같은 원 7개를 서로 원의 중심이 지나도록 겹쳐서 한 줄로 그렸습니다. 선분 ㄱㄴ의 길이가 56 cm일 때, 원의 지름은 몇 cm인가요?

(풀이) 예 선분 ㄱㄴ의 길이는 원의 반지름의 8배이므로 원의 반지름은 56÷8=7(cm)입니다
따라서 원의 지름은 7×2=14(cm)입니다.

답 14 cm

10 승언이가 수정과 한 병을 사서 무게를 재었더니 610 g이었고, 수정과 전체의 $\frac{1}{4}$을 마신 다음 무게를 재었더니 490 g이었습니다. 빈 병의 무게는 몇 g인가요?

(풀이) 예 $\left(수정과 전체의 \frac{1}{4}의 무게\right)$
=(수정과 한 병의 무게)-$\left(\frac{1}{4}을 마신 후의 무게\right)$=610-490=120(g)
수정과 전체의 $\frac{1}{4}$의 무게가 120 g이므로 수정과 전체의 무게는 120×4=480(g)입니다.
⇨ (빈 병의 무게)=(수정과 한 병의 무게)-(수정과 전체의 무게) =610-480=130(g)

답 130 g

1 희곤이네 학교 학생들은 직업 체험 학습을 가려고 40명씩 탈 수 있는 버스 15대에 나누어 탔습니다. 버스마다 6자리씩 비어 있다면 직업 체험 학습을 간 학생은 모두 몇 명인가요?

풀이 예) 버스 한 대에 탄 학생 수는 40－6＝34(명)입니다.
따라서 직업 체험 학습을 간 학생은 모두
34×15＝510(명)입니다.

답 __510명__

2 효린이는 과학 시간에 철사 84 cm의 $\frac{3}{7}$을 사용했습니다.
남은 철사는 몇 cm인가요?

풀이 예) 과학 시간에 사용한 철사는 84 cm의 $\frac{3}{7}$이므로 36 cm입니다.
⇨ (남은 철사의 길이)＝84－36＝48(cm)

답 __48 cm__

3 점 ㄱ, 점 ㄴ, 점 ㄷ은 원의 중심입니다.
가장 큰 원의 지름이 24 cm일 때,
선분 ㄱㄷ은 몇 cm인가요?

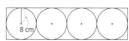

풀이 예) 선분 ㄱㄷ의 길이는 가장 작은 원의 반지름과
중간 크기 원의 반지름의 합입니다.
(가장 작은 원의 지름)＝24－18＝6(cm)이므로
(가장 작은 원의 반지름)＝6÷2＝3(cm)이고,
(중간 크기 원의 반지름)＝18÷2＝9(cm)입니다.
⇨ (선분 ㄱㄷ)＝3＋9＝12(cm)
답 __12 cm__

4 미승, 서영, 채원이가 실제 무게가 6 kg인 수박의 무게를 각각 다음과 같이 어림하였습니다. 수박의 실제 무게에 가장 가깝게 어림한 사람은 누구인가요?

• 미승: 약 5 kg 600 g
• 서영: 약 6050 g
• 채원: 약 6 kg 100 g

풀이 예) 어림한 무게와 6 kg의 차가 가장 작은 사람을 찾습니다.
미승: 6 kg－5 kg 600 g＝400 g
서영: 6050 g－6 kg＝6 kg 50 g－6 kg＝50 g
채원: 6 kg 100 g－6 kg＝100 g
따라서 50 g＜100 g＜400 g이므로
6 kg에 가장 가깝게 어림한 사람은 서영입니다.

답 __서영__

5 직사각형 안에 반지름이 8 cm인 원 4개를 꼭 맞게 이어 붙여서 그렸습니다.
직사각형의 네 변의 길이의 합은 몇 cm인가요?

풀이 예) 직사각형의 가로는 원의 반지름의 8배이므로
8×8＝64(cm)입니다.
직사각형의 세로는 원의 반지름의 2배이므로
8×2＝16(cm)입니다.
⇨ (직사각형의 네 변의 길이의 합)
＝64＋16＋64＋16＝160(cm)

답 __160 cm__

6 참외 193개를 7봉지에 똑같이 나누어 담으려고 합니다.
참외를 남김없이 모두 나누어 담으려면 참외가 적어도 몇 개 더 필요한가요?

풀이 예) 193÷7＝27 … 4이므로 참외를 한 봉지에 27개씩 나누어
담으면 4개가 남습니다.
따라서 참외를 남김없이 모두 나누어 담으려면 적어도
7－4＝3(개) 더 필요합니다.

답 __3개__

7 1부터 9까지의 수 중에서 □안에 들어갈 수 있는 가장 작은 수를 구해 보세요.

42×□0＞2700

풀이 예) 42×90＝3780, 42×80＝3360,
42×70＝2940, 42×60＝2520
⇨ □안에 들어갈 수 있는 수는 6보다 큰 7, 8, 9이고,
그중 가장 작은 수는 7입니다.

답 __7__

8 예림이와 유수가 약수터에서 떠 온 물을 빈 욕조에 부었습니다. 예림이가 떠 온 물은 2 L 180 mL이고, 유수가 떠 온 물은 2 L 940 mL입니다. 욕조의 들이가 10 L일 때, 욕조를 가득 채우려면 물을 몇 L 몇 mL 더 부어야 하나요?

풀이 예) (예림이와 유수가 떠 온 물의 양)
＝2 L 180 mL＋2 L 940 mL＝5 L 120 mL
⇨ (더 부어야 하는 물의 양)＝10 L－5 L 120 mL
＝4 L 880 mL

답 __4 L 880 mL__

9 4장의 수 카드 6, 4, 7, 3 중 3장을 골라 한 번씩만 사용하여
몫이 가장 큰 (두 자리 수)÷(한 자리 수)를 만들어 계산해 보세요.

□□ ÷ □ ＝ □ … □

풀이 예) 몫이 가장 큰 (두 자리 수)÷(한 자리 수)를 만들려면
두 자리 수를 가장 크게, 한 자리 수를 가장 작게 만듭니다.
수 카드의 수의 크기를 비교하면 7＞6＞4＞3이므로
가장 큰 두 자리 수는 76이고, 가장 작은 한 자리 수는 3이므로
76÷3＝25 … 1입니다.

답 7 6 ÷ 3 ＝ 25 … 1

10 준우네 마을의 농장별 양파 수확량을 조사하여 그림그래프로 나타내었습니다. ㉯ 농장의 양파 수확량은 ㉰ 농장의 양파 수확량보다 130 kg 더 적습니다.
양파 수확량이 가장 적은 농장과 두 번째로 적은 농장의 양파 수확량의 차는 몇 kg인가요?

농장별 양파 수확량

농장	양파 수확량
㉠	🧅🧅🧅🧅🧅🧅🧅🧅
㉯	
㉰	🧅🧅🧅🧅
㉱	🧅🧅🧅🧅🧅

🧅100 kg 🧅10 kg

풀이 예) ㉠ 농장: 180 kg, ㉰ 농장: 400－130＝270(kg)
㉰ 농장: 400 kg, ㉱ 농장: 320 kg
180＜270＜320＜400이므로
양파 수확량이 가장 적은 농장은 ㉠ 농장(180 kg)이고,
두 번째로 적은 농장은 ㉯ 농장(270 kg)입니다.
⇨ 270－180＝90(kg)
답 __90 kg__

1 현경이가 밭에서 수확한 무를 한 상자에 60개씩 20상자에 담고,
한 봉지에 14개씩 37봉지에 담았습니다.
상자와 봉지에 담은 무는 모두 몇 개인가요?

풀이 예) 상자에 담은 무의 수는 60×20=1200(개)이고,
봉지에 담은 무의 수는 14×37=518(개)입니다.
따라서 상자와 봉지에 담은 무는 모두
1200+518=1718(개)입니다.

답   **1718개**

2 선미는 종이배 97개를 접은 다음 그중에서 12개를 친구에게 주었습니다. 남은
종이배를 5상자에 똑같이 나누어 담으면 한 상자에 몇 개씩 담을 수 있나요?

풀이 예) 친구에게 주고 남은 종이배의 수는 97−12=85(개)입니다.
따라서 한 상자에 담을 수 있는 종이배의 수는
85÷5=17(개)입니다.

답   **17개**

3 점 ㄱ, 점 ㄴ은 원의 중심입니다.
선분 ㄱㄷ은 몇 cm인가요?

풀이 예) 선분 ㄱㄷ의 길이는 작은 원의
반지름과 큰 원의 지름의 합입니다.
(작은 원의 반지름)=4 cm,
(큰 원의 지름)=9×2=18(cm)
⇨ (선분 ㄱㄷ)=4+18=22(cm)

답   **22 cm**

4 길이가 103 cm인 색 테이프 8장을 그림과 같이 20 cm씩 겹쳐서 한 줄로
이어 붙였습니다. 이어 붙인 색 테이프의 전체 길이는 몇 cm인가요?

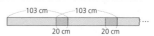

풀이 예) 색 테이프 8장의 길이의 합은 103×8=824(cm)입니다.
겹쳐진 부분은 8−1=7(군데)이므로
겹쳐진 부분의 길이의 합은 20×7=140(cm)입니다.
따라서 이어 붙인 색 테이프의 전체 길이는
824−140=684(cm)입니다.

답   **684 cm**

5 어느 아파트의 지난주 동별 쓰레기
발생량을 조사하여 그림그래프로
나타내었습니다.
1동의 쓰레기 발생량이 150 kg일 때,
3동의 쓰레기 발생량은 몇 kg인가요?

동별 쓰레기 발생량

동	쓰레기 발생량
1동	🗑🗑🗑🗑🗑🗑
2동	🗑🗑🗑🗑🗑
3동	🗑🗑🗑🗑🗑🗑

풀이 예) 1동의 쓰레기 발생량 150 kg을 🗑 1개, 🗑 5개로
나타내었으므로 🗑은 100 kg, 🗑은 10 kg을 나타냅니다.
⇨ 3동의 쓰레기 발생량은 100 kg을 나타내는 그림이 3개,
10 kg을 나타내는 그림이 3개이므로 330 kg입니다.

답   **330 kg**

6 어떤 수를 3으로 나누어야 할 것을 잘못하여 3을 곱했더니 87이 되었습니다.
바르게 계산했을 때의 몫과 나머지를 구해 보세요.

풀이 예) 어떤 수를 ■라 하면 ■×3=87
⇨ 87÷3=■, ■=29입니다.
따라서 바르게 계산하면 29÷3=9…2이므로
몫은 9이고, 나머지는 2입니다.

답   몫: **9**   , 나머지: **2**

7 경태가 감자 12개를 상자에 담았습니다. 경태가 상자에 담은 감자의 수가
전체 감자의 $\frac{3}{8}$일 때, 전체 감자는 몇 개인가요?

풀이 예) 전체 감자의 $\frac{3}{8}$이 12개이므로
전체 감자의 $\frac{1}{8}$은 12÷3=4(개)입니다.
따라서 전체 감자는 4×8=32(개)입니다.

답   **32개**

8 3 t까지 실을 수 있는 빈 트럭이 있습니다.
이 트럭에 60 kg짜리 물건과 51 kg짜리 물건을 각각 25개씩 실었습니다.
이 트럭에 몇 kg까지 더 실을 수 있나요?

풀이 예) 3 t=3000 kg입니다.
60×25=1500(kg), 51×25=1275(kg)
⇨ (트럭에 실은 물건의 무게)=1500+1275=2775(kg)
따라서 트럭에 더 실을 수 있는 무게는
3000−2775=225(kg)입니다.

답   **225 kg**

9 어느 지역의 공원별 가로등의 수를
조사하여 그림그래프로
나타내었습니다. 네 공원에 있는
가로등이 모두 200개이고,
㉯ 공원의 가로등이 ㉰ 공원의
가로등보다 15개 더 많을 때,
㉰ 공원의 가로등은 몇 개인가요?

공원별 가로등의 수

공원	가로등의 수
㉮	🕯🕯🕯🕯🕯🕯🕯🕯
㉯	
㉰	
㉱	🕯🕯🕯🕯🕯🕯🕯

🕯10개 🕯5개 🕯1개

풀이 예) ㉮ 공원: 58개, ㉱ 공원: 37개
⇨ (㉯ 공원과 ㉰ 공원의 가로등의 수의 합)
=200−58−37=105(개)
㉰ 공원의 가로등의 수를 ■개라 하면
㉯ 공원의 가로등의 수는 (■+15)개이므로
■+15+■=105, ■+■=90, ■=45입니다.
따라서 ㉰ 공원의 가로등의 수는 45개입니다.

답   **45개**

10 빈 통에 무게가 같은 주스 병 8개를 담아 무게를 재었더니
3 kg 700 g이었습니다. 여기에 똑같은 주스 병 2개를 더 담았더니
4 kg 520 g이 되었습니다. 빈 통의 무게는 몇 g인가요?

풀이 예) (주스 병 2개의 무게)=4 kg 520 g−3 kg 700 g=820 g
(주스 병 8개의 무게)=820 g+820 g+820 g+820 g
=3 kg 280 g
⇨ (빈 통의 무게)
=(주스 병 8개를 담은 통의 무게)−(주스 병 8개의 무게)
=3 kg 700 g−3 kg 280 g=420 g

답   **420 g**

MEMO

MEMO

몬스터를 모두 잡아 몰랑이를 구하자!

수학 문장제 발전 단계별 구성

1A	1B	2A	2B	3A	3B
9까지의 수	100까지의 수	세 자리 수	네 자리 수	덧셈과 뺄셈	곱셈
여러 가지 모양	덧셈과 뺄셈(1)	여러 가지 도형	곱셈구구	평면도형	나눗셈
덧셈과 뺄셈	모양과 시각	덧셈과 뺄셈	길이 재기	나눗셈	원
비교하기	덧셈과 뺄셈(2)	길이 재기	시각과 시간	곱셈	분수와 소수
50까지의 수	규칙 찾기	분류하기	표와 그래프	길이와 시간	들이와 무게
	덧셈과 뺄셈(3)	곱셈	규칙 찾기	분수와 소수	그림그래프

교과서 전 단원, 전 영역뿐만 아니라 다양한 시험에 나오는
복잡한 수학 문장제를 분석하고 단계별 풀이를 통해 문제 해결력을 강화해요!

수 , 연산 , 도형과 측정 , 자료와 가능성 , 변화와 관계 영역의
다양한 문장제를 해결해 봐요.

4A	4B	5A	5B	6A	6B
큰 수	분수의 덧셈과 뺄셈	자연수의 혼합 계산	수의 범위와 어림하기	분수의 나눗셈	분수의 나눗셈
각도	사각형	약수와 배수	분수의 곱셈	각기둥과 각뿔	공간과 입체
곱셈과 나눗셈	소수의 덧셈과 뺄셈	대응 관계	합동과 대칭	소수의 나눗셈	소수의 나눗셈
삼각형	다각형	약분과 통분	소수의 곱셈	비와 비율	비례식과 비례배분
막대그래프	꺾은선 그래프	분수의 덧셈과 뺄셈	직육면체와 정육면체	여러 가지 그래프	원의 둘레와 넓이
관계와 규칙	평면도형의 이동	다각형의 둘레와 넓이	평균과 가능성	직육면체의 부피와 겉넓이	원기둥, 원뿔, 구

특징과 활용법

준비하기 단원별 2쪽 가볍게 몸풀기

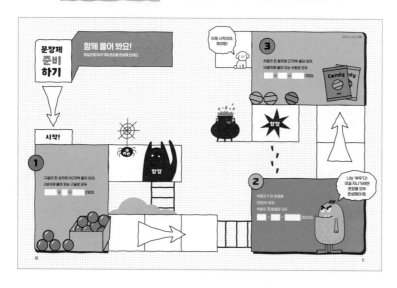

그림 속 이야기를
읽어 보면서
간단한 문장으로 된
문제를 풀어 보아요.

일차 학습 하루 6쪽 문장제 학습

문제 속 조건과 구하려는 것을
찾고, 단계별 풀이를 통해
문제 해결력이 쑥쑥~

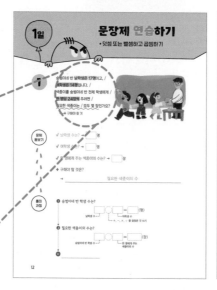

승범이네 반 남학생은 17명이고, /
여학생은 14명입니다. /
색종이를 승범이네 반 전체 학생에게 /
한 명당 24장씩 주려면 /
필요한 색종이는 / 모두 몇 장인가요

→ 구해야 할 것

실력 확인하기 단원별 마무리와 총정리 실력 평가

단원 마무리

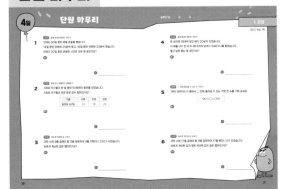

실력 평가

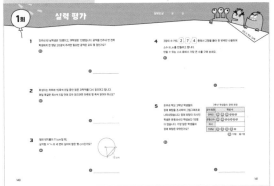

앞에서 배웠던 문장제를 풀면서
실력을 확인해요.
마지막 도전 문제까지 성공하면
최고!

한 권을 모두 끝낸 후엔
실력 평가로 내 실력을 점검해요!

정답과 해설

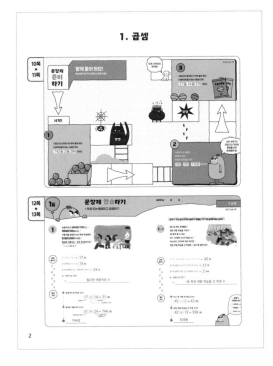

정답과 해설을 빠르게 확인하고,
틀린 문제는 다시 풀어요!
QR을 찍으면 모바일로도 정답을
확인할 수 있어요.

차례

내가 낸 문제를 모두 풀어야
몰랑이를 구할 수 있어!

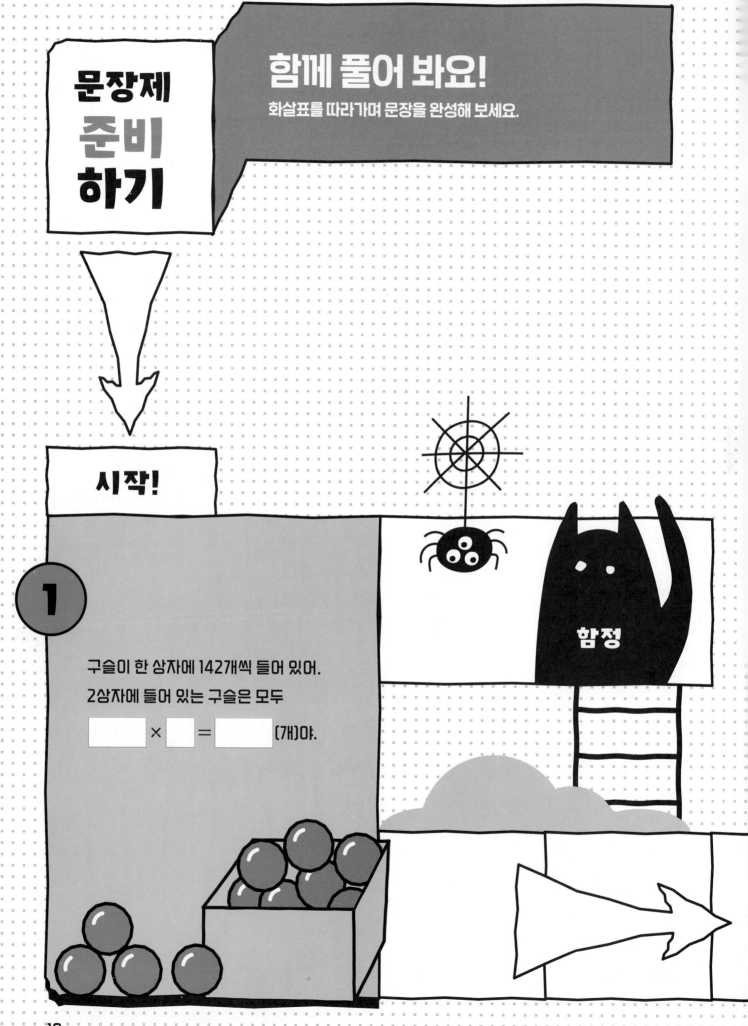

함께 풀어 봐요!

화살표를 따라가며 문장을 완성해 보세요.

시작!

1

구슬이 한 상자에 142개씩 들어 있어.

2상자에 들어 있는 구슬은 모두

☐ × ☐ = ☐ (개)야.

함정

이제 시작이야.
파이팅!

정답과 해설 2쪽

3

사탕이 한 봉지에 27개씩 들어 있어.
14봉지에 들어 있는 사탕은 모두
☐ × ☐ = ☐ (개)야.

Candy
27개

함정

2

색종이가 한 묶음에
50장씩 있어.
색종이 30묶음은 모두
☐ × ☐ = ☐ (장)이야.

나는 '부우'다!
여길 지나가려면
문장을 모두
완성해야 해.

문장제 연습하기

★ 덧셈 또는 뺄셈하고 곱셈하기

1

승범이네 반 남학생은 17명이고, /
여학생은 14명입니다. /
색종이를 승범이네 반 전체 학생에게 /
한 명당 24장씩 주려면 /
필요한 색종이는 / 모두 몇 장인가요?

↳ ✦ 구해야 할 것

문제 돋보기

✓ 남학생 수는? → ☐ 명

✓ 여학생 수는? → ☐ 명

✓ 한 명에게 주는 색종이의 수는? → ☐ 장

✦ 구해야 할 것은?

→ _____ 필요한 색종이의 수 _____

풀이 과정

❶ 승범이네 반 학생 수는?

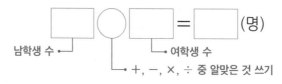

남학생 수 ┘   └ 여학생 수
└ +, −, ×, ÷ 중 알맞은 것 쓰기

❷ 필요한 색종이의 수는?

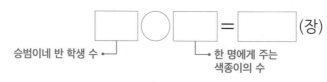

승범이네 반 학생 수 ┘   └ 한 명에게 주는
색종이의 수

답 _____

12

정답과 해설 2쪽

왼쪽 1 번과 같이 문제에 색칠하고 밑줄을 그어 가며 문제를 풀어 보세요.

1-1

예나네 학교 학생들은 /
현장 체험 학습을 가려고 /
45명씩 탈 수 있는 /
버스 13대에 나누어 탔습니다. /
버스마다 2자리씩 비어 있다면 /
현장 체험 학습을 간 학생은 / 모두 몇 명인가요?

문제 돋보기

✔ 버스 한 대에 탈 수 있는 학생 수는? → ☐ 명

✔ 학생들이 나누어 탄 버스의 수는? → ☐ 대

✔ 버스마다 비어 있는 자리의 수는? → ☐ 자리

✦ 구해야 할 것은?

　→ _____

풀이 과정

❶ 버스 한 대에 탄 학생 수는?

☐ ◯ ☐ = ☐ (명)

❷ 현장 체험 학습을 간 학생 수는?

☐ ◯ ☐ = ☐ (명)

❸ 답 _____

문제가 어려웠나요?

☐ 어려워요. o.o
☐ 적당해요. ^-^
☐ 쉬워요. >o<

13

2 효석이가 밭에서 수확한 고추를 /
한 상자에 130개씩 4상자에 담고, /
한 봉지에 48개씩 12봉지에 담았습니다. /
상자와 봉지에 담은 고추는 / 모두 몇 개인가요?
└─→ 구해야 할 것

문제 돋보기

✓ 한 상자에 담은 고추의 수와 상자 수는?

→ 한 상자에 ☐ 개씩 ☐ 상자

✓ 한 봉지에 담은 고추의 수와 봉지 수는?

→ 한 봉지에 ☐ 개씩 ☐ 봉지

✦ 구해야 할 것은?

→ _____ 상자와 봉지에 담은 고추의 수 _____

풀이 과정

❶ 상자에 담은 고추의 수는?

☐ ◯ ☐ = ☐ (개)

❷ 봉지에 담은 고추의 수는?

☐ ◯ ☐ = ☐ (개)

❸ 전체 고추의 수는?

☐ ◯ ☐ = ☐ (개)
상자에 담은 고추의 수 ─┘ └─ 봉지에 담은 고추의 수

답 _____

왼쪽 **2**번과 같이 문제에 색칠하고 밑줄을 그어 가며 문제를 풀어 보세요.

2-1

한 자루에 26개씩 담긴 / 오이가 30자루 있었습니다. /
이 오이를 다시 한 자루에 39개씩 담아서 / 17자루를 팔았습니다. /
팔고 남은 오이는 / 몇 개인가요?

문제 돋보기

✔ 처음 한 자루에 담긴 오이의 수와 자루 수는?

→ 한 자루에 [   ]개씩 [   ]자루

✔ 다시 담아 판 한 자루에 담긴 오이의 수와 자루 수는?

→ 한 자루에 [   ]개씩 [   ]자루

✦ 구해야 할 것은?

→ _____

풀이 과정

❶ 처음 자루에 담긴 전체 오이의 수는?

[   ]○[   ] = [   ] (개)

❷ 다시 담아 판 오이의 수는?

[   ]○[   ] = [   ] (개)

❸ 팔고 남은 오이의 수는?

[   ]○[   ] = [   ] (개)

답 _____

문제가
어려웠나요?

☐ 어려워요. o.o

☐ 적당해요. ^-^

☐ 쉬워요. >o<

문장제 실력 쌓기

★ 덧셈 또는 뺄셈하고 곱셈하기
★ 곱셈 결과의 합(차) 구하기

문제를 읽고 '연습하기'에서 했던 것처럼 밑줄을 그어 가며 문제를 풀어 보세요.

1 한 상자에 아몬드 70개와 잣 46개가 들어 있습니다.
5상자에 들어 있는 아몬드와 잣은 모두 몇 개인가요?

❶ 한 상자에 들어 있는 아몬드와 잣의 수는?

❷ 5상자에 들어 있는 아몬드와 잣의 수는?

답 _____

2 과일 가게에 레몬이 한 상자에 109개씩 7상자와 한 상자에 162개씩 4상자가 있습니다.
과일 가게에 있는 레몬은 모두 몇 개인가요?

❶ 109개씩 7상자에 들어 있는 레몬의 수는?

❷ 162개씩 4상자에 들어 있는 레몬의 수는?

❸ 전체 레몬의 수는?

답 _____

16

3 준혁이네 반 학생 31명이 한 명당 색종이를 22장씩 가지고 있었습니다.
학생마다 미술 시간에 색종이를 4장씩 사용했다면
준혁이네 반 학생들에게 남은 색종이는 몇 장인가요?

❶ 학생 한 명에게 남은 색종이의 수는?

❷ 준혁이네 반 학생들에게 남은 색종이의 수는?

🔘 답 _____

4 자전거는 한 시간에 18 km를 가고, 버스는 한 시간에 54 km를 간다고 합니다.
12시간 동안 버스가 갈 수 있는 거리는 자전거가 갈 수 있는 거리보다 몇 km 더 먼가요?

❶ 자전거가 12시간 동안 갈 수 있는 거리는?

❷ 버스가 12시간 동안 갈 수 있는 거리는?

❸ 버스와 자전거가 갈 수 있는 거리의 차는?

🔘 답 _____

17

문장제 연습하기

★ 바르게 계산한 값 구하기

1

어떤 수에 **14를 곱해야 할 것**을 /
잘못하여 **41을 더했더니 62가 되었습니다.** /
바르게 계산한 값은 얼마인가요?

└──◆ 구해야 할 것

**문제
돌보기**

✓ 잘못 계산한 식은?

→ 어떤 수에 ☐ 을(를) 더했더니 ☐ 이(가) 되었습니다.

✓ 바르게 계산하려면?

→ 어떤 수에 ☐ 을(를) 곱합니다.

✦ 구해야 할 것은?

→ _____ 바르게 계산한 값

**풀이
과정**

❶ 어떤 수를 ■라 할 때, 잘못 계산한 식은?

■ + ☐ = ☐

❷ 어떤 수는?

■ = ☐ − ☐ = ☐

❸ 바르게 계산한 값은?

☐ ◯ ☐ = ☐

└─ 어떤 수

답 _____

18

왼쪽 **1** 번과 같이 문제에 색칠하고 밑줄을 그어 가며 문제를 풀어 보세요.

1-1

어떤 수에 32를 곱해야 할 것을 /

잘못하여 32를 뺐더니 20이 되었습니다. /

바르게 계산한 값은 얼마인가요?

문제 돋보기

✔ 잘못 계산한 식은?

→ 어떤 수에서 [   ]을(를) 뺐더니 [   ]이(가) 되었습니다.

✔ 바르게 계산하려면?

→ 어떤 수에 [   ]을(를) 곱합니다.

✦ 구해야 할 것은?

→ _____

풀이 과정

❶ 어떤 수를 ▨라 할 때, 잘못 계산한 식은?

▨ − [   ] = [   ]

❷ 어떤 수는?

▨ = [   ] + [   ] = [   ]

❸ 바르게 계산한 값은?

[   ] ◯ [   ] = [   ]

└→ 어떤 수

답 _____

문제가
어려웠나요?

◻ 어려워요. o.o

◻ 적당해요. ^-^

◻ 쉬워요. >o<

2

1부터 9까지의 수 중에서 /

□ 안에 들어갈 수 있는 / 가장 큰 수를 구해 보세요.

┗→ 구해야 할 것

$$514 \times \square < 1800$$

문제 돋보기

✦ 구해야 할 것은?

→ _____ □ 안에 들어갈 수 있는 가장 큰 수 _____

✔ $514 \times \square < 1800$에서 □ 안에 들어갈 수 있는 수를 구하려면?

→ □ 안에 1부터 9까지의 수 중 작은 수부터 차례로 넣어

$514 \times \square$의 값을 구하고, 구한 곱이 [   ]보다 작은지 확인해 봅니다.

풀이 과정

❶ □ 안에 1부터 9까지의 수 중 작은 수부터 차례로 넣었을 때,
$514 \times \square$의 값은?

$514 \times 1 = 514$, $514 \times 2 = $ [   ],

$514 \times 3 = $ [   ], $514 \times 4 = $ [   ]

❷ □ 안에 들어갈 수 있는 가장 큰 수는?

□ 안에 들어갈 수 있는 수는 [   ]보다 작은 [   ], [   ], [   ]이고,

그중 가장 큰 수는 [   ]입니다.

답 _____

왼쪽 **2**번과 같이 문제에 색칠하고 밑줄을 그어 가며 문제를 풀어 보세요.

2-1

1부터 9까지의 수 중에서 /

□ 안에 들어갈 수 있는 / 가장 작은 수를 구해 보세요.

$$38 \times \square 0 > 2100$$

문제 돋보기

✦ 구해야 할 것은?

→ _____

✔ $38 \times \square 0 > 2100$에서 □ 안에 들어갈 수 있는 수를 구하려면?

→ □ 안에 1부터 9까지의 수 중 큰 수부터 차례로 넣어

$38 \times \square 0$의 값을 구하고, 구한 곱이 [   ]보다 큰지 확인해 봅니다.

풀이 과정

❶ □ 안에 1부터 9까지의 수 중 큰 수부터 차례로 넣었을 때,
$38 \times \square 0$의 값은?

$38 \times 90 = $ [   ] , $38 \times 80 = $ [   ] ,

$38 \times 70 = $ [   ] , $38 \times 60 = $ [   ] ,

$38 \times 50 = $ [   ]

❷ □ 안에 들어갈 수 있는 가장 작은 수는?

□ 안에 들어갈 수 있는 수는 [   ]보다 큰 [   ] , [   ] , [   ] ,

[   ] 이고, 그중 가장 작은 수는 [   ] 입니다.

답 _____

문제가 어려웠나요?

☐ 어려워요. o.o

☐ 적당해요. ^-^

☐ 쉬워요. >o<

문제를 읽고 '연습하기'에서 했던 것처럼 밑줄을 그어 가며 문제를 풀어 보세요.

1 어떤 수에 28을 곱해야 할 것을 잘못하여 82를 더했더니 87이 되었습니다.
바르게 계산한 값은 얼마인가요?

❶ 어떤 수를 ☐ 라 할 때, 잘못 계산한 식은?

❷ 어떤 수는?

❸ 바르게 계산한 값은?

답 _____

2 1부터 9까지의 수 중에서 ☐ 안에 들어갈 수 있는 가장 큰 수를 구해 보세요.

☐ × 93 < 400

❶ ☐ 안에 1부터 9까지의 수 중 작은 수부터 차례로 넣었을 때, ☐ × 93의 값은?

❷ ☐ 안에 들어갈 수 있는 가장 큰 수는?

답 _____

22

3 어떤 수에 40을 곱해야 할 것을 잘못하여 40을 뺐더니 13이 되었습니다.
바르게 계산한 값은 얼마인가요?

❶ 어떤 수를 ▊라 할 때, 잘못 계산한 식은?

❷ 어떤 수는?

❸ 바르게 계산한 값은?

답 _____

4 1부터 9까지의 수 중에서 □ 안에 들어갈 수 있는 가장 작은 수를 구해 보세요.

$$24 \times \square 1 > 1500$$

❶ □ 안에 1부터 9까지의 수 중 큰 수부터 차례로 넣었을 때, $24 \times \square 1$의 값은?

❷ □ 안에 들어갈 수 있는 가장 작은 수는?

답 _____

문장제 연습하기

★ 이어 붙인 색 테이프의
전체 길이 구하기

1

길이가 **16 cm**인 색 테이프 18장을 /

그림과 같이 **4 cm씩 겹쳐서** / 한 줄로 길게 이어 붙였습니다. /

이어 붙인 색 테이프의 전체 길이는 / 몇 cm인가요?

└─ ✦ 구해야 할 것

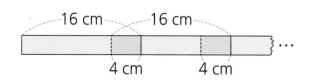

문제 돋보기

✓ 이어 붙인 색 테이프의 길이와 색 테이프의 수는?

→ 각 색 테이프의 길이: ◻ cm, 색 테이프의 수: ◻ 장

✓ 겹쳐진 부분의 길이는? → ◻ cm

✦ 구해야 할 것은?

→ _____ 이어 붙인 색 테이프의 전체 길이 _____

풀이 과정

❶ 색 테이프 18장의 길이의 합은?

◻ ◯ ◻ = ◻ (cm)

└─ 색 테이프 한 장의 길이

❷ 겹쳐진 부분의 길이의 합은?

겹쳐진 부분은 ◻ − 1 = ◻ (군데)이므로 겹쳐진 부분의 길이의 합은

└─● 이어 붙인 색 테이프의 수에서 1을 뺍니다.

◻ × ◻ = ◻ (cm)입니다.

❸ 이어 붙인 색 테이프의 전체 길이는?

◻ ◯ ◻ = ◻ (cm)

색 테이프 18장의 길이의 합 ●─┘   └─● 겹쳐진 부분의 길이의 합

답 _____

왼쪽 **1** 번과 같이 문제에 색칠하고 밑줄을 그어 가며 문제를 풀어 보세요.

1-1

길이가 31 cm인 색 테이프 20장을 /

그림과 같이 9 cm씩 겹쳐서 / 한 줄로 길게 이어 붙였습니다. /

이어 붙인 색 테이프의 전체 길이는 / 몇 cm인가요?

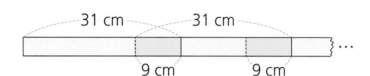

문제 돋보기

✔ 이어 붙인 색 테이프의 길이와 색 테이프의 수는?

→ 각 색 테이프의 길이: ☐ cm, 색 테이프의 수: ☐ 장

✔ 겹쳐진 부분의 길이는? → ☐ cm

✦ 구해야 할 것은?

→ _____

풀이 과정

❶ 색 테이프 20장의 길이의 합은?

☐ ◯ ☐ = ☐ (cm)

❷ 겹쳐진 부분의 길이의 합은?

겹쳐진 부분은 ☐ − 1 = ☐ (군데)이므로 겹쳐진 부분의

길이의 합은 ☐ × ☐ = ☐ (cm)입니다.

❸ 이어 붙인 색 테이프의 전체 길이는?

☐ ◯ ☐ = ☐ (cm)

답 _____

문제가 어려웠나요?

☐ 어려워요. o.o

☐ 적당해요. ^-^

☐ 쉬워요. >o<

25

문장제 연습하기

★ 수 카드로 곱셈식 만들기

2 4장의 수 카드 ⟨1⟩, ⟨3⟩, ⟨5⟩, ⟨6⟩ 중 /

2장을 골라 한 번씩만 사용하여 /

<u>곱이 가장 큰 (몇)×(몇십몇)을 만들고</u> / 계산해 보세요.

└─→ 구해야 할 것

$$\boxed{} \times 7\boxed{} = \boxed{}$$

문제 돋보기

✦ 구해야 할 것은?

→ 곱이 가장 큰 (몇)×(몇십몇)을 만들고 계산하기

✔ 곱이 가장 큰 (몇)×(몇십몇)을 만들려면?

→ 몇에 가장 (큰 , 작은) 수를 놓고, 남은 수로 가장 큰 몇십몇을 만듭니다.

└─→ 알맞은 말에 ○표 하기

풀이 과정

❶ 곱이 가장 큰 (몇)×(몇십몇)을 만들면?

수 카드의 수의 크기를 비교하면 $\boxed{} > \boxed{} > \boxed{} > \boxed{}$ 이므로

몇에 $\boxed{}$ 을(를) 놓고, 몇십몇의 일의 자리에 $\boxed{}$ 을(를) 놓으면

└─→ 가장 큰 수   └─→ 두 번째로 큰 수

$\boxed{} \times 7\boxed{}$ 입니다.

❷ 곱이 가장 큰 (몇)×(몇십몇)을 계산하면?

$$\boxed{} \times 7\boxed{} = \boxed{}$$

답 $\boxed{} \times 7\boxed{} = \boxed{}$

왼쪽 **2** 번과 같이 문제에 색칠하고 밑줄을 그어 가며 문제를 풀어 보세요.

2-1

4장의 수 카드 [2], [4], [7], [8] 중 /

2장을 골라 한 번씩만 사용하여 /

곱이 가장 작은 (몇)×(몇십몇)을 만들고 / 계산해 보세요.

$$\boxed{} \times 5\boxed{} = \boxed{}$$

문제 돋보기

✦ 구해야 할 것은?

→ _____

✓ 곱이 가장 작은 (몇)×(몇십몇)을 만들려면?

→ 몇에 가장 (큰 , 작은) 수를 놓고, 남은 수로 가장 작은 몇십몇을 만듭니다.

풀이 과정

❶ 곱이 가장 작은 (몇)×(몇십몇)을 만들면?

수 카드의 수의 크기를 비교하면 $\boxed{} < \boxed{} < \boxed{} < \boxed{}$ 이므로

몇에 $\boxed{}$ 을(를) 놓고, 몇십몇의 일의 자리에 $\boxed{}$ 을(를) 놓으면

$\boxed{} \times 5\boxed{}$ 입니다.

❷ 곱이 가장 작은 (몇)×(몇십몇)을 계산하면?

$$\boxed{} \times 5\boxed{} = \boxed{}$$

답 $\boxed{} \times 5\boxed{} = \boxed{}$

문제가 어려웠나요?

☐ 어려워요. o.o

☐ 적당해요. ^-^

☐ 쉬워요. >o<

문장제 실력 쌓기

★ 이어 붙인 색 테이프의 전체 길이 구하기

★ 수 카드로 곱셈식 만들기

문제를 읽고 '연습하기'에서 했던 것처럼 밑줄을 그어 가며 문제를 풀어 보세요.

1 길이가 115 cm인 색 테이프 9장을 그림과 같이 12 cm씩 겹쳐서 한 줄로 길게 이어 붙였습니다. 이어 붙인 색 테이프의 전체 길이는 몇 cm인가요?

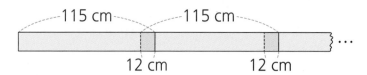

❶ 색 테이프 9장의 길이의 합은?

❷ 겹쳐진 부분의 길이의 합은?

❸ 이어 붙인 색 테이프의 전체 길이는?

탑 _____

2 4장의 수 카드 [1], [2], [4], [7] 중 2장을 골라 한 번씩만 사용하여

곱이 가장 큰 (몇)×(몇십몇)을 만들고 계산해 보세요.

$$\boxed{} \times 6\boxed{} = \boxed{}$$

❶ 곱이 가장 큰 (몇)×(몇십몇)을 만들면?

❷ 곱이 가장 큰 (몇)×(몇십몇)을 계산하면?

탑 $\boxed{} \times 6\boxed{} = \boxed{}$

3 길이가 40 cm인 색 테이프 30장을 그림과 같이 6 cm씩 겹쳐서 한 줄로 길게 이어 붙였습니다. 이어 붙인 색 테이프의 전체 길이는 몇 cm인가요?

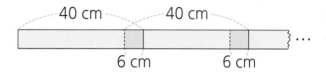

① 색 테이프 30장의 길이의 합은?

② 겹쳐진 부분의 길이의 합은?

③ 이어 붙인 색 테이프의 전체 길이는?

답 _____

4 4장의 수 카드 3 , 5 , 6 , 9 중 2장을 골라 한 번씩만 사용하여

곱이 가장 작은 (몇)×(몇십몇)을 만들고 계산해 보세요.

☐ × 7 ☐ = ☐

① 곱이 가장 작은 (몇)×(몇십몇)을 만들면?

② 곱이 가장 작은 (몇)×(몇십몇)을 계산하면?

답 ☐ × 7 ☐ = ☐

14쪽 곱셈 결과의 합(차) 구하기

1 민채는 30일 동안 매일 운동을 했습니다.

14일 동안 하루에 25분씩 했고, 16일 동안 하루에 32분씩 했습니다.

민채가 30일 동안 운동한 시간은 모두 몇 분인가요?

풀이

답 _____

12쪽 덧셈 또는 뺄셈하고 곱셈하기

2 지희와 친구들이 한 달 동안 50원짜리 동전을 모았습니다.

지희와 친구들이 모은 돈은 모두 얼마인가요?

이름	지희	미정	민준
동전의 수(개)	23	18	29

풀이

답 _____

18쪽 바르게 계산한 값 구하기

3 어떤 수에 9를 곱해야 할 것을 잘못하여 9를 더했더니 335가 되었습니다.

바르게 계산한 값은 얼마인가요?

풀이

답 _____

14쪽 곱셈 결과의 합(차) 구하기

4 한 상자에 18개씩 담긴 배가 20상자 있었습니다.

이 배를 다시 한 바구니에 6개씩 담아서 34바구니를 팔았습니다.

팔고 남은 배는 몇 개인가요?

풀이

답 _____

20쪽 □ 안에 들어갈 수 있는 수 구하기

5 1부터 9까지의 수 중에서 □ 안에 들어갈 수 있는 가장 큰 수를 구해 보세요.

$$642 \times \square < 2300$$

풀이

답 _____

18쪽 바르게 계산한 값 구하기

6 어떤 수에 17을 곱해야 할 것을 잘못하여 17을 뺐더니 5가 되었습니다.

바르게 계산한 값과 잘못 계산한 값의 곱은 얼마인가요?

풀이

답 _____

단원 마무리

24쪽 이어 붙인 색 테이프의 전체 길이 구하기

7 길이가 28 cm인 색 테이프 16장을 그림과 같이 5 cm씩 겹쳐서 한 줄로 길게 이어 붙였습니다. 이어 붙인 색 테이프의 전체 길이는 몇 cm인가요?

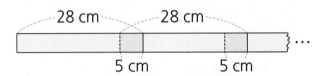

풀이

답 _____

26쪽 수 카드로 곱셈식 만들기

8 4장의 수 카드 4 , 5 , 6 , 8 중 2장을 골라 한 번씩만 사용하여

곱이 가장 큰 (몇)×(몇십몇)을 만들고 계산해 보세요.

☐ × 3☐ = ☐

풀이

답 ☐ × 3☐ = ☐

20쪽 □ 안에 들어갈 수 있는 수 구하기

9

1부터 9까지의 수 중에서 □ 안에 들어갈 수 있는 가장 작은 수를 구해 보세요.

$$153 \times \square > 42 \times 29$$

풀이

답 _____

도전!
10

26쪽 수 카드로 곱셈식 만들기

3장의 수 카드 2 , 3 , 5 를 한 번씩만 사용하여 (몇십몇)×(몇십몇)을

만들려고 합니다. 곱이 가장 클 때와 가장 작을 때의 곱의 합을 구해 보세요.

❶ 곱이 가장 클 때의 곱은?

❷ 곱이 가장 작을 때의 곱은?

❸ 곱이 가장 클 때와 가장 작을 때의 곱의 합은?

답 _____

5일
- 덧셈 또는 뺄셈하고 나눗셈하기
- 곱셈하고 나눗셈하기

 6일
- 적어도 얼마나 필요한지 구하기
- 남김없이 나누려고 할 때 더 필요한 양 구하기

 7일
- 바르게 계산한 값 구하기
- 수 카드로 나눗셈식 만들기

 8일
단원 마무리

내가 낸 문제를 모두 풀어야
몰랑이를 구할 수 있어!

함께 풀어 봐요!
화살표를 따라가며 문장을 완성해 보세요.

시작!

1 카드 40장을 2명이 똑같이 나누어 가지려고 해.
한 사람이 가지는 카드는

$$\boxed{} \div \boxed{} = \boxed{} (장)이야.$$

함정

이제 본격적으로 문제를 풀어 볼까?

3

포도 423 kg을 한 봉지에 3 kg씩 담으려고 해.

그럼 ☐ ÷ ☐ = ☐ (봉지)에 담을 수 있어.

함정

나는 '두비'다! 여기 있는 문장들도 모두 완성할 수 있는지 볼까? 흐흐흐...

2

떡 86개를 한 상자에 6개씩 포장하려고 해.

☐ ÷ ☐ = ☐ … ☐ 이니까

☐ 상자에 포장할 수 있고,

☐ 개가 남아.

문장제 연습하기

★ 덧셈 또는 뺄셈하고 나눗셈하기

1

운동장에 <mark>남학생 46명</mark>과 /

<mark>여학생 44명</mark>이 있습니다. /

운동장에 있는 학생들이 <u>한 줄에 6명씩 서면</u> /

<u>모두 몇 줄이 되나요?</u>

┗→ ✦ 구해야 할 것

**문제
돋보기**

✓ 남학생 수는? → ☐ 명

✓ 여학생 수는? → ☐ 명

✓ 한 줄에 서는 학생 수는? → ☐ 명

✦ 구해야 할 것은?

→ ___운동장에 서는 학생들의 줄 수___

**풀이
과정**

❶ 운동장에 있는 학생 수는?

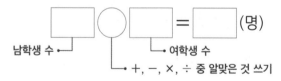

┗남학생 수   ┗ 여학생 수

┗ +, −, ×, ÷ 중 알맞은 것 쓰기

❷ 운동장에 서는 학생들의 줄 수는?

┗운동장에 있는 학생 수   ┗ 한 줄에 서는 학생 수

답 _____

왼쪽 **1** 번과 같이 문제에 색칠하고 밑줄을 그어 가며 문제를 풀어 보세요.

1-1

민준이는 초콜릿 49개를 만든 다음 /
그중에서 13개를 동생에게 주었습니다. /
남은 초콜릿을 3봉지에 똑같이 나누어 담으면 /
한 봉지에 몇 개씩 담을 수 있나요?

문제 돋보기

✓ 민준이가 만든 초콜릿의 수는? → ☐ 개

✓ 동생에게 준 초콜릿의 수는? → ☐ 개

✓ 남은 초콜릿을 담은 봉지 수는? → ☐ 봉지

✦ 구해야 할 것은?

→ _____

풀이 과정

❶ 동생에게 주고 남은 초콜릿의 수는?

☐ ◯ ☐ = ☐ (개)

❷ 한 봉지에 담을 수 있는 초콜릿의 수는?

☐ ◯ ☐ = ☐ (개)

❸ 답 _____

문제가
어려웠나요?

☐ 어려워요. o.o

☐ 적당해요. ^-^

☐ 쉬워요. >o<

2 어느 마트에 감자가 한 상자에 20개씩
14상자 있습니다. /
이 감자를 다시 / 한 봉지에 8개씩 담아 판다면 /
팔 수 있는 감자는 몇 봉지인가요?
└─◆ 구해야 할 것

문제 돋보기

✓ 마트에 있는 감자의 수는?

→ 한 상자에 ☐ 개씩 ☐ 상자

✓ 한 봉지에 다시 담는 감자의 수는? → ☐ 개

◆ 구해야 할 것은?

→ _____ 팔 수 있는 감자의 봉지 수 _____

풀이 과정

❶ 전체 감자의 수는?

☐ ◯ ☐ = ☐ (개)
└ 한 상자에 있는 감자의 수   └ 상자 수

❷ 팔 수 있는 감자의 봉지 수는?

☐ ◯ ☐ = ☐ (봉지)
└ 전체 감자의 수   └ 한 봉지에 다시 담는 감자의 수

❸ 답 _____

왼쪽 **2** 번과 같이 문제에 색칠하고 밑줄을 그어 가며 문제를 풀어 보세요.

2-1

연필이 한 묶음에 12자루씩 7묶음 있습니다. /
이 연필을 4명에게 똑같이 나누어 준다면 /
한 명에게 몇 자루씩 나누어 줄 수 있나요?

문제 돋보기

✔ 연필의 수는?

→ 한 묶음에 ☐ 자루씩 ☐ 묶음

✔ 연필을 똑같이 나누어 주는 사람 수는? → ☐ 명

✦ 구해야 할 것은?

→ _____

풀이 과정

❶ 전체 연필의 수는?

☐ ◯ ☐ = ☐ (자루)

❷ 한 명에게 나누어 줄 수 있는 연필의 수는?

☐ ◯ ☐ = ☐ (자루)

답 _____

문제가 어려웠나요?

☐ 어려워요. o.o

☐ 적당해요. ^-^

☐ 쉬워요. >o<

41

문장제 실력 쌓기

문제를 읽고 '연습하기'에서 했던 것처럼 밑줄을 그어 가며 문제를 풀어 보세요.

1 주머니에 노란색 구슬이 31개, 초록색 구슬이 29개 들어 있습니다.
구슬을 한 명에게 5개씩 나누어 주면 몇 명에게 나누어 줄 수 있나요?

❶ 주머니에 들어 있는 구슬의 수는?

❷ 구슬을 나누어 줄 수 있는 사람 수는?

답 _____

2 어느 꽃 가게에 장미가 한 바구니에 12송이씩 9바구니
있습니다. 이 장미를 다시 한 다발에 6송이씩 묶어
판다면 팔 수 있는 장미는 모두 몇 다발인가요?

❶ 전체 장미의 수는?

❷ 팔 수 있는 장미의 다발 수는?

답 _____

3 은지는 도넛 68개를 만든 다음
그중에서 12개를 친구에게 주었습니다.
남은 도넛을 4봉지에 똑같이 나누어 담으면
한 봉지에 몇 개씩 담을 수 있나요?

❶ 친구에게 주고 남은 도넛의 수는?

❷ 한 봉지에 담을 수 있는 도넛의 수는?

답 _____

4 스케치북이 한 묶음에 8권씩 12묶음 있습니다. 이 스케치북을 6명에게 똑같이
나누어 준다면 한 명에게 몇 권씩 나누어 줄 수 있나요?

❶ 전체 스케치북의 수는?

❷ 한 명에게 나누어 줄 수 있는 스케치북의 수는?

답 _____

1

체육관에 있는 **학생 67명이** / 긴 의자에 모두 앉으려고 합니다. /

긴 의자 한 개에 / **5명까지** 앉을 수 있다면 /

긴 의자는 적어도 몇 개 필요한가요?

┗━━→ 구해야 할 것

문제 돋보기

✔ 체육관에 있는 학생 수는? → ☐ 명

✔ 긴 의자 한 개에 앉을 수 있는 학생 수는?

→ ☐ 명까지 앉을 수 있습니다.

✦ 구해야 할 것은?

→ 긴 의자는 적어도 몇 개 필요한지 구하기

＿＿＿＿＿＿＿＿＿＿＿＿＿＿＿＿＿＿＿＿＿＿＿＿

풀이 과정

❶ 긴 의자 한 개에 5명씩 앉을 때, 앉을 수 있는 긴 의자의 수와 남는 학생 수는?

☐ ÷ 5 = ☐ … ☐ 이므로 긴 의자 ☐ 개에 앉으면

☐ 명이 남습니다.

❷ 긴 의자는 적어도 몇 개 필요한지 구하면?

위 ❶에서 구한 남는 ☐ 명도 앉아야 하므로 긴 의자는 적어도

☐ + 1 = ☐ (개) 필요합니다.

답 ＿＿＿＿＿＿＿＿＿＿＿＿＿＿＿＿＿

왼쪽 **1** 번과 같이 문제에 색칠하고 밑줄을 그어 가며 문제를 풀어 보세요.

1-1

178명이 놀이기구에 모두 타려고 합니다. /
한 번 운행할 때 / 6명까지 탈 수 있다면 /
놀이기구는 적어도 몇 번 운행해야 하나요?

문제 돋보기

✔ 놀이기구에 타려는 사람 수는? → ☐ 명

✔ 한 번 운행할 때 탈 수 있는 사람 수는?

→ ☐ 명까지 탈 수 있습니다.

✦ 구해야 할 것은?

→ _____

풀이 과정

❶ 놀이기구에 6명씩 탈 때, 운행하는 횟수와 남는 사람 수는?

☐ ÷6 = ☐ ⋯ ☐ 이므로 놀이기구를 ☐ 번 운행하면

☐ 명이 남습니다.

❷ 놀이기구는 적어도 몇 번 운행해야 하는지 구하면?

위 ❶에서 구한 남는 ☐ 명도 놀이기구를 타야 하므로

놀이기구는 적어도 ☐ +1 = ☐ (번)

운행해야 합니다.

답 _____

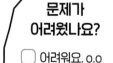

문제가
어려웠나요?

☐ 어려워요. o.o

☐ 적당해요. ^-^

☐ 쉬워요. >o<

45

문장제 연습하기

★ 남김없이 나누려고 할 때
더 필요한 양 구하기

2 지우개 47개를 4명에게 / 똑같이 나누어 주려고 합니다. /
지우개를 남김없이 모두 나누어 주려면 /
지우개가 적어도 몇 개 더 필요한가요?

└─◆ 구해야 할 것

문제 돌보기

✔ 지우개의 수는? → ☐ 개

✔ 나누어 주는 사람 수는? → ☐ 명

✦ 구해야 할 것은?

→ ___ 지우개가 적어도 몇 개 더 필요한지 구하기 ___

풀이 과정

❶ 4명에게 나누어 주는 지우개의 수와 남는 지우개의 수는?

☐ ÷ 4 = ☐ … ☐ 이므로 지우개를 4명에게 ☐ 개씩

나누어 주면 ☐ 개가 남습니다.

❷ 지우개가 적어도 몇 개 더 필요한지 구하면?

지우개를 남김없이 모두 나누어 주려면 적어도

4 − ☐ = ☐ (개) 더 필요합니다.

└─→ 남는 지우개의 수
└──→ 나누어 주는 사람 수

답 _____

왼쪽 **2**번과 같이 문제에 색칠하고 밑줄을 그어 가며 문제를 풀어 보세요.

2-1

풍선 97개를 8명에게 / 똑같이 나누어 주려고 합니다. /
풍선을 남김없이 모두 나누어 주려면 /
풍선이 적어도 몇 개 더 필요한가요?

문제 돌보기

✓ 풍선의 수는? → [　　] 개

✓ 나누어 주는 사람 수는? → [　　] 명

✦ 구해야 할 것은?

→ _____

풀이 과정

❶ 8명에게 나누어 주는 풍선의 수와 남는 풍선의 수는?

[　　] ÷ 8 = [　　] … [　　] 이므로 풍선을 8명에게 [　　] 개씩

나누어 주면 [　　] 개가 남습니다.

❷ 풍선이 적어도 몇 개 더 필요한지 구하면?

풍선을 남김없이 모두 나누어 주려면 적어도

8 − [　　] = [　　] (개) 더 필요합니다.

문제가 어려웠나요?

☐ 어려워요. o.o

☐ 적당해요. ^-^

☐ 쉬워요. >o<

❸ **답** _____

문장제 실력 쌓기

★ 적어도 얼마나 필요한지 구하기

★ 남김없이 나누려고 할 때 더 필요한 양 구하기

문제를 읽고 '연습하기'에서 했던 것처럼 밑줄을 그어 가며 문제를 풀어 보세요.

1 학생 90명이 승용차에 모두 타려고 합니다. 승용차 한 대에 7명까지 탈 수 있다면 승용차는 적어도 몇 대 필요한가요?

❶ 승용차 한 대에 7명씩 탈 때, 탈 수 있는 승용차의 수와 남는 학생 수는?

❷ 승용차는 적어도 몇 대 필요한지 구하면?

답 _____

2 도화지 64장을 3명에게 똑같이 나누어 주려고 합니다. 도화지를 남김없이 모두 나누어 주려면 도화지가 적어도 몇 장 더 필요한가요?

❶ 3명에게 나누어 주는 도화지의 수와 남는 도화지의 수는?

❷ 도화지가 적어도 몇 장 더 필요한지 구하면?

답 _____

3 205명이 엘리베이터에 모두 타려고 합니다. 한 번 운행할 때
8명까지 탈 수 있다면 엘리베이터는 적어도 몇 번 운행해야 하나요?

❶ 엘리베이터에 8명씩 탈 때, 운행하는 횟수와 남는 사람 수는?

❷ 엘리베이터는 적어도 몇 번 운행해야 하는지 구하면?

답 _____

4 옥수수 254개를 6자루에 똑같이 나누어 담으려고
합니다. 옥수수를 남김없이 모두 나누어 담으려면
옥수수가 적어도 몇 개 더 필요한가요?

❶ 6자루에 나누어 담는 옥수수의 수와 남는
옥수수의 수는?

❷ 옥수수가 적어도 몇 개 더 필요한지 구하면?

답 _____

문장제 연습하기

★ 바르게 계산한 값 구하기

1

어떤 수를 4로 나누어야 할 것을 /

잘못하여 4를 곱했더니 84가 되었습니다. /

바르게 계산했을 때의 / 몫과 나머지를 구해 보세요.

└─◆ 구해야 할 것

문제 돋보기

✔ 잘못 계산한 식은?

→ 어떤 수에 [   ]을(를) 곱했더니 [   ]이(가) 되었습니다.

✔ 바르게 계산하려면?

→ 어떤 수를 [   ](으)로 나눕니다.

◆ 구해야 할 것은?

→ _____ 바르게 계산했을 때의 몫과 나머지 _____

풀이 과정

❶ 어떤 수를 ■라 할 때, 잘못 계산한 식은?

■ × [   ] = [   ]

❷ 어떤 수는?

■ = [   ] ÷ [   ] = [   ]

❸ 바르게 계산했을 때의 몫과 나머지는?

[   ] ◯ [   ] = [   ] ⋯ [   ]

└─ 어떤 수

❹ 답 몫: _____ , 나머지: _____

50

왼쪽 **1** 번과 같이 문제에 색칠하고 밑줄을 그어 가며 문제를 풀어 보세요.

1-1

어떤 수를 3으로 나누어야 할 것을 /

잘못하여 5로 나누었더니 /

몫이 7, 나머지가 2가 되었습니다. /

바르게 계산했을 때의 / 몫과 나머지를 구해 보세요.

**문제
돋보기**

✔ 잘못 계산한 식은?

→ 어떤 수를 ☐ (으)로 나누었더니

몫이 ☐ , 나머지가 ☐ 이(가) 되었습니다.

✔ 바르게 계산하려면?

→ 어떤 수를 ☐ (으)로 나눕니다.

✚ 구해야 할 것은?

→ _____

**풀이
과정**

❶ 어떤 수를 ■라 할 때, 잘못 계산한 식은?

■ ÷ 5 = ☐ ⋯ ☐

❷ 어떤 수는?

■ ÷ 5 = ☐ ⋯ ☐ 에서 5 × ☐ = ☐

⇨ ☐ + ☐ = ☐ 이므로 ■ = ☐ 입니다.

❸ 바르게 계산했을 때의 몫과 나머지는?

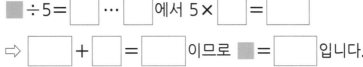
☐ ◯ ☐ = ☐ ⋯ ☐
└→ 어떤 수

❹ 답 몫: _____ , 나머지: _____

문제가
어려웠나요?

☐ 어려워요 .o.o

☐ 적당해요. ^-^

☐ 쉬워요. >o<

문장제 연습하기

★ 수 카드로 나눗셈식 만들기

2 3장의 수 카드 ⎡2⎤, ⎡6⎤, ⎡5⎤ 를 / 한 번씩만 사용하여 /

몫이 가장 큰 (두 자리 수)÷(한 자리 수)를 만들고 / 계산해 보세요.
└─→ 구해야 할 것

$$\boxed{}\boxed{} \div \boxed{} = \boxed{} \cdots \boxed{}$$

문제 돋보기

✦ 구해야 할 것은?

→ <u>몫이 가장 큰 (두 자리 수)÷(한 자리 수)를 만들고 계산하기</u>

✓ 몫이 가장 큰 (두 자리 수)÷(한 자리 수)를 만들려면?

→ 두 자리 수를 가장 (크게 , 작게),
 └─→ 나누어지는 수   └─→ 알맞은 말에 ○표 하기

 한 자리 수를 가장 (크게 , 작게) 만듭니다.
 └─→ 나누는 수

풀이 과정

❶ 몫이 가장 큰 (두 자리 수)÷(한 자리 수)를 만들면?

수 카드의 수의 크기를 비교하면 $\boxed{} > \boxed{} > \boxed{}$ 이므로

가장 큰 두 자리 수는 $\boxed{}\boxed{}$ 이고, 가장 작은 한 자리 수는 $\boxed{}$ 입니다.

⇨ $\boxed{}\boxed{} \div \boxed{}$

❷ 몫이 가장 큰 (두 자리 수)÷(한 자리 수)를 계산하면?

$$\boxed{}\boxed{} \div \boxed{} = \boxed{} \cdots \boxed{}$$

답 $\boxed{}\boxed{} \div \boxed{} = \boxed{} \cdots \boxed{}$

왼쪽 **2** 번과 같이 문제에 색칠하고 밑줄을 그어 가며 문제를 풀어 보세요.

2-1

3장의 수 카드 ⑦ , ⑧ , ③ 을 / 한 번씩만 사용하여 /

몫이 가장 작은 (두 자리 수)÷(한 자리 수)를 만들고 / 계산해 보세요.

$$\boxed{}\boxed{} \div \boxed{} = \boxed{} \cdots \boxed{}$$

문제 돋보기

✦ 구해야 할 것은?

→ _____

✓ 몫이 가장 작은 (두 자리 수)÷(한 자리 수)를 만들려면?

→ 두 자리 수를 가장 (크게 , 작게),

한 자리 수를 가장 (크게 , 작게) 만듭니다.

풀이 과정

❶ 몫이 가장 작은 (두 자리 수)÷(한 자리 수)를 만들면?

수 카드의 수의 크기를 비교하면 $\boxed{} < \boxed{} < \boxed{}$ 이므로

가장 작은 두 자리 수는 $\boxed{}\boxed{}$ 이고, 가장 큰 한 자리 수는

$\boxed{}$ 입니다. ⇨ $\boxed{}\boxed{} \div \boxed{}$

❷ 몫이 가장 작은 (두 자리 수)÷(한 자리 수)를 계산하면?

$$\boxed{}\boxed{} \div \boxed{} = \boxed{} \cdots \boxed{}$$

답 $\boxed{}\boxed{} \div \boxed{} = \boxed{} \cdots \boxed{}$

문제가 어려웠나요?

☐ 어려워요. o.o

☐ 적당해요. ^-^

☐ 쉬워요. >o<

문장제 실력 쌓기

★ 바르게 계산한 값 구하기
★ 수 카드로 나눗셈식 만들기

문제를 읽고 '연습하기'에서 했던 것처럼 밑줄을 그어 가며 문제를 풀어 보세요.

1 어떤 수를 6으로 나누어야 할 것을 잘못하여 곱했더니 246이 되었습니다.
바르게 계산했을 때의 몫과 나머지를 구해 보세요.

❶ 어떤 수를 ▓라 할 때, 잘못 계산한 식은?

❷ 어떤 수는?

❸ 바르게 계산했을 때의 몫과 나머지는?

🅐 몫: _____ , 나머지: _____

2 3장의 수 카드 ⑤ , ⑦ , ④ 를 한 번씩만 사용하여

몫이 가장 큰 (두 자리 수)÷(한 자리 수)를 만들고 계산해 보세요.

$$\boxed{}\boxed{} \div \boxed{} = \boxed{}\boxed{} \cdots \boxed{}$$

❶ 몫이 가장 큰 (두 자리 수)÷(한 자리 수)를 만들면?

❷ 몫이 가장 큰 (두 자리 수)÷(한 자리 수)를 계산하면?

🅐 $\boxed{}\boxed{} \div \boxed{} = \boxed{}\boxed{} \cdots \boxed{}$

3 어떤 수를 7로 나누어야 할 것을 잘못하여 2로 나누었더니 몫이 43, 나머지가 1이 되었습니다. 바르게 계산했을 때의 몫과 나머지를 구해 보세요.

❶ 어떤 수를 ▩라 할 때, 잘못 계산한 식은?

❷ 어떤 수는?

❸ 바르게 계산했을 때의 몫과 나머지는?

🅐 몫: _____ , 나머지: _____

4 3장의 수 카드 4 , 6 , 9 를 한 번씩만 사용하여

몫이 가장 작은 (두 자리 수)÷(한 자리 수)를 만들고 계산해 보세요.

$$\boxed{}\boxed{} \div \boxed{} = \boxed{} \cdots \boxed{}$$

❶ 몫이 가장 작은 (두 자리 수)÷(한 자리 수)를 만들면?

❷ 몫이 가장 작은 (두 자리 수)÷(한 자리 수)를 계산하면?

🅐 $\boxed{}\boxed{} \div \boxed{} = \boxed{} \cdots \boxed{}$

8일

38쪽 덧셈 또는 뺄셈하고 나눗셈하기

1 남학생 27명과 여학생 38명이 체험 학습을 갔습니다. 학생들이 한 번에 5명씩 체험 기구를 탈 때, 체험 기구는 몇 번 운행해야 하나요?

풀이

답 _____

38쪽 덧셈 또는 뺄셈하고 나눗셈하기

2 선미는 단풍잎 88개를 말린 다음 그중에서 16개를 동생에게 주었습니다. 남은 단풍잎을 책 6권에 똑같이 나누어 꽂으려면 책 한 권에 몇 개씩 꽂을 수 있나요?

풀이

답 _____

40쪽 곱셈하고 나눗셈하기

3 지희는 하루에 18쪽씩 6일 동안 읽은 위인전을 다시 읽으려고 합니다. 매일 똑같은 쪽수씩 4일 만에 모두 읽으려면 하루에 몇 쪽씩 읽어야 하나요?

풀이

답 _____

정답과 해설 13쪽

50쪽 바르게 계산한 값 구하기

4 어떤 수를 2로 나누어야 할 것을 잘못하여 2를 곱했더니 62가 되었습니다.
바르게 계산했을 때의 몫과 나머지를 구해 보세요.

풀이

답 몫: _____ , 나머지: _____

44쪽 적어도 얼마나 필요한지 구하기

5 농구공 59개를 바구니에 모두 담으려고 합니다.
한 바구니에 7개까지 담을 수 있다면 바구니는 적어도 몇 개 필요한가요?

풀이

답 _____

50쪽 바르게 계산한 값 구하기

6 어떤 수에 4를 곱해야 할 것을 잘못하여 9로 나누었더니 몫이 24,
나머지가 7이 되었습니다. 바르게 계산했을 때의 값을 구해 보세요.

풀이

답 _____

단원 마무리

46쪽 남김없이 나누려고 할 때 더 필요한 양 구하기

7 오렌지 178개를 5봉지에 똑같이 나누어 담으려고 합니다. 오렌지를 남김없이 모두 나누어 담으려면 오렌지가 적어도 몇 개 더 필요한가요?

풀이

답 _____

52쪽 수 카드로 나눗셈식 만들기

8 4장의 수 카드 5, 7, 3, 8 중 3장을 골라 한 번씩만 사용하여 몫이 가장 작은 (두 자리 수)÷(한 자리 수)를 만들고 계산해 보세요.

$$\square\square \div \square = \square \cdots \square$$

풀이

답 $\square\square \div \square = \square \cdots \square$

46쪽 남김없이 나누려고 할 때 더 필요한 양 구하기

9 바둑돌이 한 상자에 14개씩 15상자 있습니다. 이 바둑돌을 한 봉지에 9개씩 나누어 담으려고 합니다. 바둑돌을 남김없이 모두 나누어 담으려면 바둑돌이 적어도 몇 개 더 필요한가요?

풀이

답 _____

도전!
10

52쪽 수 카드로 나눗셈식 만들기

지효와 수아는 각자 수 카드를 3장씩 가지고 있습니다. 각자 수 카드 3장을
한 번씩만 사용하여 몫이 가장 큰 (두 자리 수)÷(한 자리 수)를 만들 때,
몫이 더 큰 나눗셈식을 만들 수 있는 사람은 누구인가요?

지효			수아		
3	2	5	7	3	9

❶ 지효가 만든 나눗셈의 몫이 가장 클 때의 몫은?

❷ 수아가 만든 나눗셈의 몫이 가장 클 때의 몫은?

❸ 몫이 더 큰 나눗셈식을 만들 수 있는 사람은?

내
가
지
다
니
…

정답과 해설 39쪽에 붙이면 몬스터를 가둘 수 있어요!

답 _____

함께 풀어 봐요!
화살표를 따라가며 문장을 완성해 보세요.

시작!

1

원 모양 표지판의 지름은 표지판의
중심을 지나는 선분이니까

[ ] cm야.

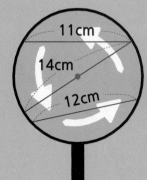
11cm
14cm
12cm

함정

조금만
더 힘내자!

3

컴퍼스를 이용해서 지름이
8 cm인 원을 그리려고 해.
그럼 컴퍼스를

☐ cm만큼 벌려서

그리면 돼!

컴퍼스를
얼마만큼
벌려야 할까?

함정

내 이름은 '코코'다!
여길 지나가려면
문장을 모두 완성해야 해.

2

파란색 원반은 반지름이 12 cm이고,
초록색 원반은 지름이 20 cm야.
그럼 더 큰 원반은

☐ 색 원반이네.

문장제 연습하기

★ 크기가 다른 원을 이어 붙였을 때
선분의 길이 구하기

1

점 ㄱ, 점 ㄴ은 원의 중심입니다. /
선분 ㄱㄷ은 몇 cm인가요?

└─◆ 구해야 할 것

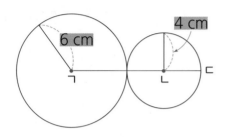

문제 돋보기

✔ 두 원의 중심은? → 점 ㄱ, 점 ☐

✔ 큰 원과 작은 원의 반지름은?

→ 큰 원: ☐ cm, 작은 원: ☐ cm

✦ 구해야 할 것은?

→ _____ 선분 ㄱㄷ의 길이 _____

풀이 과정

❶ 선분 ㄱㄷ의 길이를 구하려면?

선분 ㄱㄷ의 길이는 큰 원의 (반지름 , 지름)과 작은 원의 (반지름 , 지름)의
└─➤ 알맞은 말에 ○표 하기
합입니다.

❷ 작은 원의 지름은?

☐ ×2 = ☐ (cm)
└─➤ 작은 원의 반지름

❸ 선분 ㄱㄷ의 길이는?

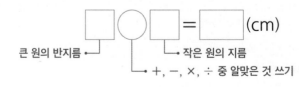

큰 원의 반지름 ➤   └─➤ 작은 원의 지름
       └─➤ +, −, ×, ÷ 중 알맞은 것 쓰기

답 _____

정답과 해설 14쪽

왼쪽 **1** 번과 같이 문제에 색칠하고 밑줄을 그어 가며 문제를 풀어 보세요.

1-1

점 ㄱ, 점 ㄴ, 점 ㄷ은 원의 중심입니다. /
선분 ㄱㄷ은 몇 cm인가요?

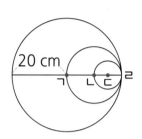

문제 돋보기

✔ 세 원의 중심은? → 점 ㄱ, 점 ☐ , 점 ☐

✔ 가장 큰 원의 반지름은? → ☐ cm

✚ 구해야 할 것은?

→ _____

풀이 과정

❶ 선분 ㄱㄷ의 길이를 구하려면?
선분 ㄱㄷ의 길이는 중간 크기 원의 (반지름 , 지름)과 가장 작은 원의
(반지름 , 지름)의 합입니다.

❷ 중간 크기 원의 반지름과 가장 작은 원의 반지름은?
중간 크기 원의 반지름은 ☐ ÷2= ☐ (cm)이고,
가장 작은 원의 반지름은 ☐ ÷2= ☐ (cm)입니다.

❸ 선분 ㄱㄷ의 길이는?
☐ ◯ ☐ = ☐ (cm)

❹ 답 _____

문제가
어려웠나요?

☐ 어려워요. o.o

☐ 적당해요. ^-^

☐ 쉬워요. >o<

65

문장제 연습하기

★ 원의 반지름의 성질을 이용하여
길이 구하기

2 원의 반지름이 7 cm일 때, /
삼각형 ㅇㄱㄴ의 세 변의 길이의 합은 /
몇 cm인가요? ┗→ 구해야 할 것

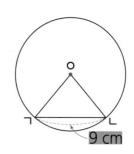
9 cm

**문제
돋보기**

✓ 원의 반지름은? → ☐ cm

✓ 선분 ㄱㄴ의 길이는? → ☐ cm

✦ 구해야 할 것은?

→ ___삼각형 ㅇㄱㄴ의 세 변의 길이의 합___

**풀이
과정**

❶ 선분 ㅇㄱ과 선분 ㅇㄴ의 길이는?

선분 ㅇㄱ과 선분 ㅇㄴ은 원의 (반지름 , 지름)이므로

(선분 ㅇㄱ)＝(선분 ㅇㄴ)＝ ☐ cm입니다.

❷ 삼각형 ㅇㄱㄴ의 세 변의 길이의 합은?

☐ ◯ ☐ ◯ ☐ ＝ ☐ (cm)

선분 ㅇㄱ의 길이 ┛   ┗→ 선분 ㄱㄴ의 길이
┗→ 선분 ㅇㄴ의 길이

답 _____

왼쪽 **2** 번과 같이 문제에 색칠하고 밑줄을 그어 가며 문제를 풀어 보세요.

2-1

삼각형 ㅇㄱㄴ의 세 변의 길이의 합이
39 cm일 때, / 원의 반지름은 /
몇 cm인가요?

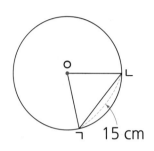

문제 돋보기

✔ 삼각형 ㅇㄱㄴ의 세 변의 길이의 합은? → ☐ cm

✔ 선분 ㄱㄴ의 길이는? → ☐ cm

✦ 구해야 할 것은?

→ _____

풀이 과정

❶ 선분 ㅇㄱ과 선분 ㅇㄴ의 길이의 합은?

(선분 ㅇㄱ)＋(선분 ㅇㄴ)＋☐＝☐이므로

(선분 ㅇㄱ)＋(선분 ㅇㄴ)＝☐－☐＝☐(cm)입니다.

❷ 원의 반지름은?

선분 ㅇㄱ과 선분 ㅇㄴ은 원의 (반지름 , 지름)으로
길이가 같으므로 원의 반지름은

☐÷2＝☐(cm)입니다.

답 _____

**문제가
어려웠나요?**

☐ 어려워요. o.o

☐ 적당해요. ^-^

☐ 쉬워요. >o<

문장제 실력 쌓기

★ 크기가 다른 원을 이어 붙였을 때
  선분의 길이 구하기

★ 원의 반지름의 성질을 이용하여 길이 구하기

문제를 읽고 '연습하기'에서 했던 것처럼 밑줄을 그어 가며 문제를 풀어 보세요.

1 점 ㄱ, 점 ㄴ은 원의 중심입니다.
선분 ㄱㄷ은 몇 cm인가요?

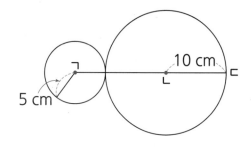

❶ 선분 ㄱㄷ의 길이를 구하려면?

❷ 큰 원의 지름은?

❸ 선분 ㄱㄷ의 길이는?

답 _____

2 원의 반지름이 5 cm일 때,
삼각형 ㅇㄱㄴ의 세 변의 길이의 합은 몇 cm인가요?

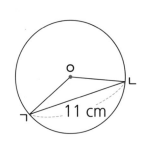

❶ 선분 ㅇㄱ과 선분 ㅇㄴ의 길이는?

❷ 삼각형 ㅇㄱㄴ의 세 변의 길이의 합은?

답 _____

3 점 ㄴ, 점 ㄷ, 점 ㄹ은 원의 중심입니다.
선분 ㄴㄹ은 몇 cm인가요?

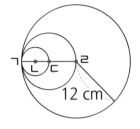

❶ 선분 ㄴㄹ의 길이를 구하려면?

❷ 중간 크기 원의 반지름과 가장 작은 원의 반지름은?

❸ 선분 ㄴㄹ의 길이는?

🅐 ＿＿＿＿＿＿＿＿＿＿＿＿

4 삼각형 ㅇㄱㄴ의 세 변의 길이의 합이 36 cm일 때,
원의 반지름은 몇 cm인가요?

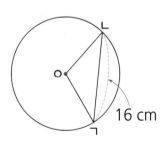

❶ 선분 ㅇㄱ과 선분 ㅇㄴ의 길이의 합은?

❷ 원의 반지름은?

🅐 ＿＿＿＿＿＿＿＿＿＿＿＿

1

지름이 14 cm인 원 5개를 /

서로 원의 중심이 지나도록 / 겹쳐서 한 줄로 그렸습니다. /

선분 ㄱㄴ은 몇 cm인가요?

└──◆ 구해야 할 것

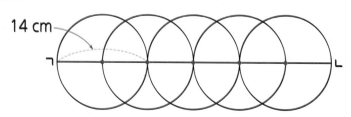

14 cm

ㄱ ────────────────── ㄴ

문제 돌보기

✓ 원의 지름은? → ☐ cm

✓ 서로 원의 중심이 지나도록 겹쳐서 그린 원의 수는? → ☐ 개

✦ 구해야 할 것은?

→ _____ 선분 ㄱㄴ의 길이 _____

풀이 과정

❶ 원의 반지름은?

☐ ÷ 2 = ☐ (cm)
└─ 원의 지름

❷ 선분 ㄱㄴ의 길이는?

선분 ㄱㄴ의 길이는 원의 반지름의 ☐ 배입니다.

⇨ (선분 ㄱㄴ) = ☐ ◯ ☐ = ☐ (cm)
     └ 원의 반지름   └ (겹친 원의 수)+1

답 _____

왼쪽 **1**번과 같이 문제에 색칠하고 밑줄을 그어 가며 문제를 풀어 보세요.

1-1

지름이 10 cm인 원 6개를 /

서로 원의 중심이 지나도록 / 겹쳐서 한 줄로 그렸습니다. /

선분 ㄱㄴ은 몇 cm인가요?

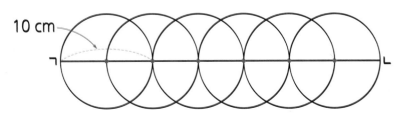

문제 돌보기

✔ 원의 지름은? → ☐ cm

✔ 서로 원의 중심이 지나도록 겹쳐서 그린 원의 수는? → ☐ 개

✦ 구해야 할 것은?

→ _____

풀이 과정

❶ 원의 반지름은?

☐ ÷ 2 = ☐ (cm)

❷ 선분 ㄱㄴ의 길이는?

선분 ㄱㄴ의 길이는 원의 반지름의 ☐ 배입니다.

⇨ (선분 ㄱㄴ) = ☐ ◯ ☐ = ☐ (cm)

답 _____

문제가
어려웠나요?

☐ 어려워요. o.o

☐ 적당해요. ^-^

☐ 쉬워요. >o<

2 정사각형 안에 /

반지름이 **7 cm**인 가장 큰 원을 그렸습니다. /

정사각형의 네 변의 길이의 합은 / 몇 cm인가요?

└→ **+ 구해야 할 것**

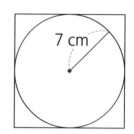

문제 돋보기

✔ 정사각형 안에 그린 원의 반지름과 수는?

→ 반지름이 ▢ cm인 원 ▢ 개

✦ 구해야 할 것은?

→ _____ 정사각형의 네 변의 길이의 합 _____

풀이 과정

❶ 정사각형의 한 변의 길이는?

정사각형의 한 변은 원의 반지름의 ▢ 배이므로

▢ ◯ ▢ = ▢ (cm)입니다.

└→ 원의 반지름

❷ 정사각형의 네 변의 길이의 합은?

▢ ◯ ▢ = ▢ (cm)

└→ 정사각형의 한 변

답 _____

왼쪽 **2** 번과 같이 문제에 색칠하고 밑줄을 그어 가며 문제를 풀어 보세요.

2-1

직사각형 안에 / 반지름이 5 cm인 원 3개를 / 꼭 맞게 이어 붙여서 그렸습니다. / 직사각형의 네 변의 길이의 합은 / 몇 cm인가요?

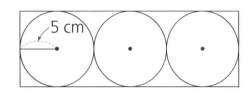

문제 돋보기

✔ 직사각형 안에 그린 원의 반지름과 수는?

→ 반지름이 [ ] cm인 원 [ ] 개

✦ 구해야 할 것은?

→ _____

풀이 과정

❶ 직사각형의 가로와 세로는?

직사각형의 가로는 원의 반지름의 [ ] 배이므로

[ ] ◯ [ ] = [ ] (cm)입니다.

직사각형의 세로는 원의 반지름의 [ ] 배이므로

[ ] ◯ [ ] = [ ] (cm)입니다.

❷ 직사각형의 네 변의 길이의 합은?

[ ] ◯ [ ] ◯ [ ] ◯ [ ] = [ ] (cm)

문제가 어려웠나요?

☐ 어려워요. o.o

☐ 적당해요. ^-^

☐ 쉬워요. >o<

답 _____

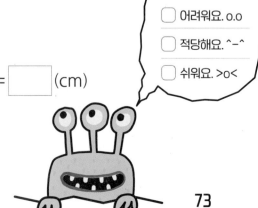

문장제 실력 쌓기

★ 크기가 같은 원을 겹쳐서 그렸을 때 선분의 길이 구하기

★ 사각형의 네 변의 길이의 합 구하기

문제를 읽고 '연습하기'에서 했던 것처럼 밑줄을 그어 가며 문제를 풀어 보세요.

1 지름이 6 cm인 원 7개를 서로 원의 중심이 지나도록 겹쳐서 한 줄로 그렸습니다.
선분 ㄱㄴ은 몇 cm인가요?

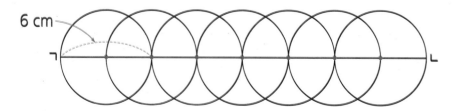

❶ 원의 반지름은?

❷ 선분 ㄱㄴ의 길이는?

답 _____

2 정사각형 안에 반지름이 11 cm인 가장 큰 원을 그렸습니다.
정사각형의 네 변의 길이의 합은 몇 cm인가요?

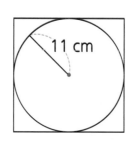

❶ 정사각형의 한 변의 길이는?

❷ 정사각형의 네 변의 길이의 합은?

답 _____

74

3 지름이 8 cm인 원 10개를 서로 원의 중심이 지나도록 겹쳐서 한 줄로 그렸습니다. 선분 ㄱㄴ은 몇 cm인가요?

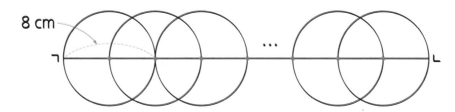

❶ 원의 반지름은?

❷ 선분 ㄱㄴ의 길이는?

답 _____

4 직사각형 안에 반지름이 9 cm인 원 2개를 꼭 맞게 이어 붙여서 그렸습니다. 직사각형의 네 변의 길이의 합은 몇 cm인가요?

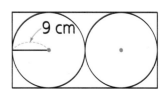

❶ 직사각형의 가로와 세로는?

❷ 직사각형의 네 변의 길이의 합은?

답 _____

단원 마무리

64쪽 크기가 다른 원을 이어 붙였을 때 선분의 길이 구하기

1 점 ㄱ, 점 ㄴ은 원의 중심입니다.
선분 ㄱㄷ은 몇 cm인가요?

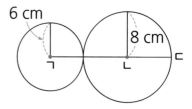

풀이

답 _____

66쪽 원의 반지름의 성질을 이용하여 길이 구하기

2 원의 반지름이 14 cm일 때,
삼각형 ㅇㄱㄴ의 세 변의 길이의 합은 몇 cm인가요?

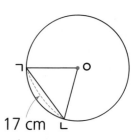

풀이

답 _____

70쪽 크기가 같은 원을 겹쳐서 그렸을 때 선분의 길이 구하기

3 지름이 18 cm인 원 3개를 서로 원의
중심이 지나도록 겹쳐서 한 줄로
그렸습니다. 선분 ㄱㄴ은 몇 cm인가요?

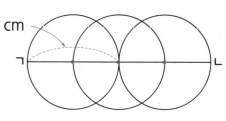

풀이

답 _____

4

72쪽 사각형의 네 변의 길이의 합 구하기

정사각형 안에 반지름이 10 cm인 가장 큰 원을
그렸습니다. 정사각형의 네 변의 길이의 합은
몇 cm인가요?

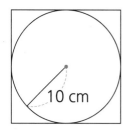

풀이

답

5

66쪽 원의 반지름의 성질을 이용하여 길이 구하기

삼각형 ㅇㄱㄴ의 세 변의 길이의 합이 43 cm일 때,
원의 반지름은 몇 cm인가요?

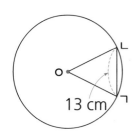

풀이

답

6

64쪽 크기가 다른 원을 이어 붙였을 때 선분의 길이 구하기

점 ㄱ, 점 ㄴ, 점 ㄷ은 원의 중심입니다.
가장 큰 원의 지름이 20 cm일 때,
선분 ㄱㄷ은 몇 cm인가요?

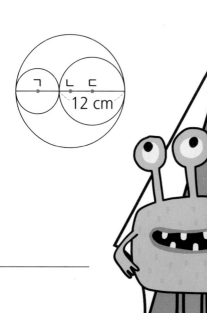

풀이

답

단원 마무리

64쪽 크기가 다른 원을 이어 붙였을 때 선분의 길이 구하기

7 점 ㄱ, 점 ㄴ, 점 ㄷ은 원의 중심입니다. 선분 ㄱㄷ은 몇 cm인가요?

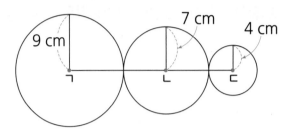

풀이

답 _____

72쪽 사각형의 네 변의 길이의 합 구하기

8 직사각형 안에 반지름이 6 cm인 원 4개를 꼭 맞게 이어 붙여서 그렸습니다.
직사각형의 네 변의 길이의 합은 몇 cm인가요?

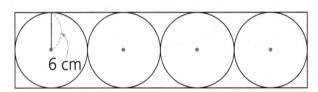

풀이

답 _____

정답과 해설 18쪽

70쪽 크기가 같은 원을 겹쳐서 그렸을 때 선분의 길이 구하기

9 크기가 같은 원 6개를 서로 원의 중심이 지나도록 겹쳐서 한 줄로 그렸습니다.
선분 ㄱㄴ의 길이가 70 cm일 때, 원의 지름은 몇 cm인가요?

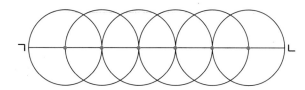

풀이

답 _____

도전!
10 72쪽 사각형의 네 변의 길이의 합 구하기

정사각형 안에 크기가 같은 원 4개를
오른쪽 그림과 같이 맞닿게 그렸습니다.
정사각형의 네 변의 길이의 합이 48 cm일 때,
원의 반지름은 몇 cm인가요?

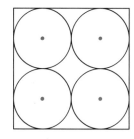

❶ 정사각형의 한 변의 길이는?

❷ 원의 반지름은?

내
가
지
다
니
…

답 _____

4 분수와 소수

12일
- 분수만큼은 얼마인지 구하기
- 남은 양 구하기

13일
- 수 카드로 소수 만들기
- 전체의 양 구하기

14일 단원 마무리

내가 낸 문제를 모두 풀어야
몰랑이를 구할 수 있어!

문장제
준비
하기

함께 풀어 봐요!
화살표를 따라가며 문장을 완성해 보세요.

시작!

1

컵 6개를 똑같이 3묶음으로 나누었어.

4는 6의 [ ] (이)야.

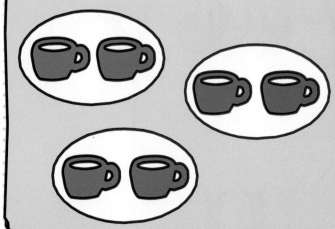

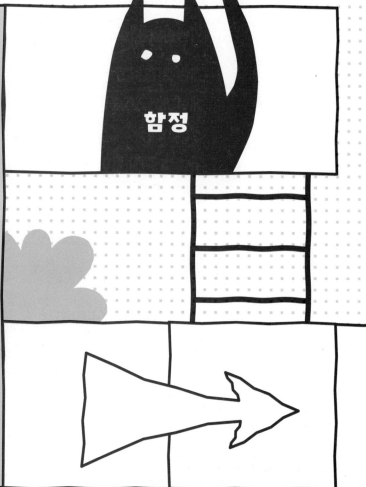

함정

파이팅!
잘할 수 있어~!

3

정답과 해설 19쪽

사탕 20개의 $\frac{3}{5}$을 친구에게 주었어.

친구에게 준 사탕은 [ ] 개야.

Candy

함정

2

나는 '바오'다!
문장을 모두 완성하면
여길 지나가게
해 주겠어!

빨간색 띠는 $1\frac{3}{4}$ m, 노란색 띠는 $2\frac{1}{4}$ m야.

두 띠의 길이를 비교하면 $1\frac{3}{4}$ ◯ $2\frac{1}{4}$ 이니까

[ ] 색 띠가 더 길어.

1 민채는 토마토 36개로 / 주스와 스프를 만들었습니다. /

전체의 $\dfrac{1}{4}$로는 주스를 만들고, / 전체의 $\dfrac{2}{9}$로는 스프를 만들었다면 /

민채가 사용한 토마토는 / 모두 몇 개인가요?

└─→ 구해야 할 것

문제 돋보기

✔ 전체 토마토의 수는? → ☐ 개

✔ 주스와 스프를 만들 때 사용한 토마토는?

→ 주스: 전체의 ☐ , 스프: 전체의 ☐

✦ 구해야 할 것은?

→ ___민채가 사용한 토마토의 수___

풀이 과정

❶ 주스를 만들 때 사용한 토마토의 수는?

36개의 ☐ ⇨ ☐ 개

❷ 스프를 만들 때 사용한 토마토의 수는?

36개의 ☐ ⇨ ☐ 개

❸ 민채가 사용한 토마토의 수는?

☐ + ☐ = ☐ (개)

└ 주스를 만들 때 사용한 토마토의 수　　└ 스프를 만들 때 사용한 토마토의 수

답 _____

왼쪽 **1** 번과 같이 문제에 색칠하고 밑줄을 그어 가며 문제를 풀어 보세요.

1-1

진우는 땅콩 28개와 / 호두 32개를 가지고 있었습니다. /

땅콩 전체의 $\dfrac{2}{7}$와 / 호두 전체의 $\dfrac{3}{8}$을 먹었다면 /

진우가 먹은 땅콩과 호두는 / 모두 몇 개인가요?

문제 돋보기

✔ 전체 땅콩의 수와 전체 호두의 수는?

→ 땅콩: ☐ 개, 호두: ☐ 개

✔ 진우가 먹은 땅콩과 호두는?

→ 땅콩: 전체의 ☐ , 호두: 전체의 ☐

✦ 구해야 할 것은?

→ _____

풀이 과정

❶ 진우가 먹은 땅콩의 수는?

28개의 ☐ ⇨ ☐ 개

❷ 진우가 먹은 호두의 수는?

32개의 ☐ ⇨ ☐ 개

❸ 진우가 먹은 땅콩의 수와 호두의 수의 합은?

☐ + ☐ = ☐ (개)

답 _____

문제가
어려웠나요?

☐ 어려워요. o.o

☐ 적당해요. ^-^

☐ 쉬워요. >o<

2 현수는 포도 48송이의 $\dfrac{5}{8}$ 를 /

잼을 만드는 데 사용했습니다. /

잼을 만들고 남은 포도는 몇 송이인가요?

└─◆ 구해야 할 것

문제 돋보기

✔ 전체 포도의 수는? → ☐ 송이

✔ 잼을 만드는 데 사용한 포도는? → 전체의 ☐

✦ 구해야 할 것은?

→ _____ 남은 포도의 수 _____

풀이 과정

❶ 잼을 만드는 데 사용한 포도의 수는?

☐ 송이의 ☐ 이므로 ☐ 송이입니다.

❷ 남은 포도의 수는?

$$\boxed{} - \boxed{} = \boxed{} \text{(송이)}$$

└ 전체 포도의 수   └ 사용한 포도의 수

답 _____

왼쪽 **2** 번과 같이 문제에 색칠하고 밑줄을 그어 가며 문제를 풀어 보세요.

2-1

예석이가 72쪽짜리 동화책을 /
모두 읽으려고 합니다. /

지금까지 전체의 $\frac{4}{9}$ 를 읽었다면 /

앞으로 더 읽어야 하는 쪽수는 /
몇 쪽인가요?

문제 돋보기

✔ 동화책의 쪽수는? → ☐ 쪽

✔ 읽은 동화책은? → 전체의 ☐

✦ 구해야 할 것은?

→ _____

풀이 과정

❶ 읽은 동화책의 쪽수는?

☐ 쪽의 ☐ 이므로 ☐ 쪽입니다.

❷ 앞으로 더 읽어야 하는 동화책의 쪽수는?

☐ − ☐ = ☐ (쪽)

답 _____

문제가
어려웠나요?

☐ 어려워요. o.o

☐ 적당해요. ^-^

☐ 쉬워요. >o<

87

문장제 실력 쌓기

★ 분수만큼은 얼마인지 구하기

★ 남은 양 구하기

문제를 읽고 '연습하기'에서 했던 것처럼 밑줄을 그어 가며 문제를 풀어 보세요.

1 주원이는 리본 70 cm를 샀습니다. 형에게 전체의 $\frac{2}{7}$를 주고, 동생에게 전체의 $\frac{1}{5}$을 주었다면 주원이가 형과 동생에게 준 리본은 모두 몇 cm인가요?

❶ 형에게 준 리본의 길이는?

❷ 동생에게 준 리본의 길이는?

❸ 주원이가 형과 동생에게 준 리본의 길이는?

답 _____

2 효린이는 달걀 45개의 $\frac{7}{9}$을 쿠키를 만드는 데 사용했습니다.

쿠키를 만들고 남은 달걀은 몇 개인가요?

❶ 쿠키를 만드는 데 사용한 달걀의 수는?

❷ 남은 달걀의 수는?

답 _____

88

3 아름이는 사탕 16개와 젤리 20개를 가지고 있었습니다.

사탕 전체의 $\dfrac{3}{4}$과 젤리 전체의 $\dfrac{2}{5}$를 먹었다면 아름이가 먹은 사탕과 젤리는

모두 몇 개인가요?

❶ 아름이가 먹은 사탕의 수는?

❷ 아름이가 먹은 젤리의 수는?

❸ 아름이가 먹은 사탕의 수와 젤리의 수의 합은?

답 _____

4 서연이네 집에 호두과자가 27개 있었습니다. 이 중에서 $\dfrac{2}{3}$를 서연이가 먹었습니다.

서연이가 먹고 남은 호두과자는 몇 개인가요?

❶ 서연이가 먹은 호두과자의 수는?

❷ 남은 호두과자의 수는?

답 _____

문장제 연습하기

★수 카드로 소수 만들기

1

3장의 수 카드 ┃1┃, ┃8┃, ┃4┃ 중에서 /

2장을 뽑아 한 번씩만 사용하여 / 소수 ■.▲를 만들려고 합니다. /

만들 수 있는 소수 중에서 / 가장 큰 수를 구해 보세요.

└─◆ 구해야 할 것

문제 돋보기

✔ 만들려고 하는 소수는? → ■.☐

✦ 구해야 할 것은?

→ ___만들 수 있는 소수 중에서 가장 큰 수___

풀이 과정

❶ 가장 큰 소수 ■.▲를 만들려면?
소수의 크기가 가장 크려면 왼쪽부터 (큰 , 작은) 수를
차례로 놓습니다.   └─→ 알맞은 말에 ○표 하기

❷ 만들 수 있는 소수 중에서 가장 큰 수는?
수 카드의 수의 크기를 비교하면 ☐ > ☐ > ☐ 이므로

만들 수 있는 소수 중에서 가장 큰 수는 ☐.☐ 입니다.

답 _____

정답과 해설 21쪽

왼쪽 **1** 번과 같이 문제에 색칠하고 밑줄을 그어 가며 문제를 풀어 보세요.

1-1

3장의 수 카드 ③, ⑨, ⑤ 중에서 /

2장을 뽑아 한 번씩만 사용하여 / 소수 ■.▲를 만들려고 합니다. /

만들 수 있는 소수 중에서 / 가장 작은 수를 구해 보세요.

문제 돋보기

✔ 만들려고 하는 소수는? → ■.☐

✦ 구해야 할 것은?

→ _____

풀이 과정

❶ 가장 작은 소수 ■.▲를 만들려면?

소수의 크기가 가장 작으려면 왼쪽부터 (큰 , 작은) 수를
차례로 놓습니다.

❷ 만들 수 있는 소수 중에서 가장 작은 수는?

수 카드의 수의 크기를 비교하면 ☐ < ☐ < ☐ 이므로

만들 수 있는 소수 중에서 가장 작은 수는

☐ . ☐ 입니다.

❸ 답 _____

문제가 어려웠나요?

☐ 어려워요. o.o

☐ 적당해요. ^-^

☐ 쉬워요. >o<

91

문장제 연습하기

★ 전체의 양 구하기

2 유민이는 선물을 포장하는 데 /

전체 리본의 $\dfrac{4}{7}$를 사용했습니다. /

유민이가 **사용한 리본이 12 cm**일 때, /

전체 리본은 몇 cm인가요?

└─➡ 구해야 할 것

문제 돋보기

✓ 유민이가 사용한 리본은? → 전체 리본의 ☐

✓ 유민이가 사용한 리본의 길이는? → ☐ cm

✦ 구해야 할 것은?

→ _____전체 리본의 길이_____

풀이 과정

❶ 전체 리본의 $\dfrac{1}{7}$의 길이는?

전체 리본의 $\dfrac{4}{7}$가 ☐ cm이므로 전체 리본의 $\dfrac{1}{7}$은

☐ ÷ ☐ = ☐ (cm)입니다. → $\dfrac{■}{7}$는 $\dfrac{1}{7}$의 ■배입니다.

❷ 전체 리본의 길이는?

전체 리본의 $\dfrac{1}{7}$이 ☐ cm이므로 전체 리본의 길이는

☐ × 7 = ☐ (cm)입니다.

답 _____

왼쪽 **2**번과 같이 문제에 색칠하고 밑줄을 그어 가며 문제를 풀어 보세요.

2-1

재정이가 사과 파이 한 판을 사서 /

전체의 $\frac{2}{3}$ 를 먹었습니다. /

먹은 사과 파이가 8조각이라면 /

전체 사과 파이는 몇 조각인가요? /

(단, 사과 파이 한 조각의 크기는 모두 같습니다.)

문제 돋보기

✔ 재정이가 먹은 사과 파이는? → 전체 사과 파이의 [ ]

✔ 재정이가 먹은 사과 파이 조각의 수는? → [ ]조각

✚ 구해야 할 것은?

→ _____

풀이 과정

❶ 전체 사과 파이의 $\frac{1}{3}$ 의 조각의 수는?

전체 사과 파이의 $\frac{2}{3}$ 가 [ ]조각이므로 전체 사과 파이의 $\frac{1}{3}$ 은

[ ] ÷ [ ] = [ ] (조각)입니다.

❷ 전체 사과 파이 조각의 수는?

전체 사과 파이의 $\frac{1}{3}$ 이 [ ]조각이므로 전체 사과 파이는

[ ] × 3 = [ ] (조각)입니다.

답 _____

문제가 어려웠나요?

◻ 어려워요. o.o

◻ 적당해요. ^-^

◻ 쉬워요. >o<

문장제 실력 쌓기

★ 수 카드로 소수 만들기
★ 전체의 양 구하기

문제를 읽고 '연습하기'에서 했던 것처럼 밑줄을 그어 가며 문제를 풀어 보세요.

1 3장의 수 카드 5 , 7 , 2 중에서 2장을 뽑아 한 번씩만 사용하여

소수 ■.▲를 만들려고 합니다. 만들 수 있는 소수 중에서 가장 큰 수를 구해 보세요.

❶ 가장 큰 소수 ■.▲를 만들려면?

❷ 만들 수 있는 소수 중에서 가장 큰 수는?

답 _____

2 지연이는 미술 시간에 전체 색 테이프의 $\frac{3}{8}$을 사용했습니다.

지연이가 사용한 색 테이프가 15 cm일 때, 전체 색 테이프는 몇 cm인가요?

❶ 전체 색 테이프의 $\frac{1}{8}$의 길이는?

❷ 전체 색 테이프의 길이는?

답 _____

3 3장의 수 카드 $\boxed{6}$, $\boxed{2}$, $\boxed{8}$ 중에서 2장을 뽑아 한 번씩만 사용하여

소수 ■.▲를 만들려고 합니다. 만들 수 있는 소수 중에서 가장 작은 수를 구해 보세요.

❶ 가장 작은 소수 ■.▲를 만들려면?

❷ 만들 수 있는 소수 중에서 가장 작은 수는?

답 _____

4 어떤 수의 $\dfrac{7}{9}$은 28입니다. 어떤 수는 얼마인가요?

❶ 어떤 수의 $\dfrac{1}{9}$은?

❷ 어떤 수는?

답 _____

84쪽 분수만큼은 얼마인지 구하기

1 한별이는 56쪽짜리 만화책을 읽었습니다. 전체의 $\dfrac{3}{8}$ 은 오전에 읽고, 전체의

$\dfrac{1}{7}$ 은 오후에 읽었습니다. 한별이가 만화책을 읽은 쪽수는 모두 몇 쪽인가요?

풀이

답 _____

86쪽 남은 양 구하기

2 규리는 미술 시간에 종이띠 65 cm의 $\dfrac{2}{5}$ 를 사용했습니다.

남은 종이띠는 몇 cm인가요?

풀이

답 _____

90쪽 수 카드로 소수 만들기

3 3장의 수 카드 4 , 9 , 5 중 2장을 뽑아 한 번씩만 사용하여

소수 ■.▲를 만들려고 합니다.

만들 수 있는 소수 중에서 가장 큰 수를 구해 보세요.

풀이

답 _____

90쪽 수 카드로 소수 만들기

4 3장의 수 카드 7 , 1 , 3 중 2장을 뽑아 한 번씩만 사용하여

소수 ■.▲를 만들려고 합니다.

만들 수 있는 소수 중에서 가장 작은 수를 구해 보세요.

풀이

답 _____

84쪽 분수만큼은 얼마인지 구하기

5 연재는 오늘 하루의 $\frac{1}{4}$ 은 학교 수업을 들었고, 하루의 $\frac{1}{8}$ 은 학원 수업을

들었습니다. 연재가 오늘 학교와 학원 수업을 들은 시간은 모두 몇 시간인가요?

풀이

답 _____

86쪽 남은 양 구하기

6 지원이네 반의 남학생은 16명, 여학생은 14명입니다. 지원이네 반에서

안경을 쓴 학생이 전체 학생의 $\frac{2}{5}$ 일 때, 안경을 쓰지 않은 학생은 몇 명인가요?

풀이

답 _____

단원 마무리

92쪽 전체의 양 구하기

7 영우가 고구마 10개를 상자에 담았습니다.

영우가 상자에 담은 고구마의 수가 전체 고구마의 $\dfrac{5}{8}$일 때,

전체 고구마는 몇 개인가요?

풀이

답 _____

84쪽 분수만큼은 얼마인지 구하기

8 선물을 포장하는 데 승언이는 80 cm짜리 리본의 $\dfrac{3}{5}$을 사용했고,

미경이는 90 cm짜리 리본의 $\dfrac{5}{9}$를 사용했습니다.

리본을 누가 몇 cm 더 많이 사용했나요?

풀이

답 _____ , _____

92쪽 　전체의 양 구하기

9 어떤 수의 $\dfrac{3}{4}$은 18입니다. 어떤 수의 $\dfrac{5}{6}$는 얼마인가요?

풀이

답 _____

도전!
10
92쪽 　전체의 양 구하기

병우가 주스 한 병을 사서 무게를 재었더니 630 g이었고,

주스 전체의 $\dfrac{1}{5}$을 마신 다음 무게를 재었더니 520 g이었습니다.

빈 병의 무게는 몇 g인가요?

❶ 주스 전체의 $\dfrac{1}{5}$의 무게는?

❷ 주스 전체의 무게는?

❸ 빈 병의 무게는?

답 _____

내가 지다니 …

정답과 해설 39쪽에 붙이면 먼스터를 가둘 수 있어요!

5 들이와 무게

내가 낸 문제를 모두 풀어야
몰랑이를 구할 수 있어!

함께 풀어 봐요!
화살표를 따라가며 문장을 완성해 보세요.

시작!

1

물 1 L와 250 mL를 유리병에 부었더니
유리병에 물이 가득 찼어.
유리병의 들이는

[ ] L [ ] mL야.

함정

조금만
더 힘내자!

정답과 해설 24쪽

3

무게가 2 kg 750 g인 가방에
무게가 300 g인 공책을 넣었어.
공책을 넣은 가방의 무게는

□ kg □ g이야.

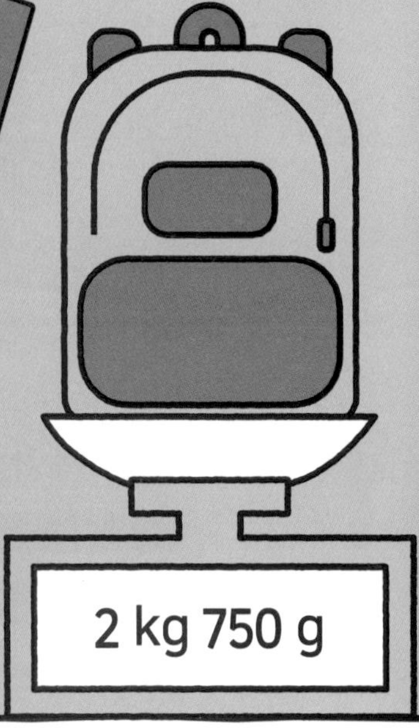

2 kg 750 g

함정

나는 '햄'이다!
벌써 여기까지 왔군.
여기 있는 문장들도
완성해 보시지!

2

쌀 5 kg 200 g과 보리 3 kg 870 g이 있어.
쌀은 보리보다

□ kg □ g − □ kg □ g

= □ kg □ g 더 무거워.

103

15일 문장제 연습하기

★ 들이의 덧셈과 뺄셈

1 미경이네 가족은 식혜 10 L 500 mL를 사 와서 /
어제는 3 L 200 mL를 마시고, /
오늘은 2 L 900 mL를 마셨습니다. /
남은 식혜는 몇 L 몇 mL인가요?
└─→ 구해야 할 것

문제 돋보기

✓ 사 온 식혜의 양은? → ☐ L ☐ mL

✓ 어제와 오늘 마신 식혜의 양은?

→ 어제: ☐ L ☐ mL, 오늘: ☐ L ☐ mL

✦ 구해야 할 것은?

→ _____ 남은 식혜의 양 _____

풀이 과정

❶ 어제 마시고 남은 식혜의 양은?

☐ L ☐ mL ◯ ☐ L ☐ mL
└─ 사 온 식혜의 양   └─→ 어제 마신 식혜의 양
                    └─ +, −, ×, ÷ 중 알맞은 것 쓰기

= ☐ L ☐ mL

❷ 남은 식혜의 양은?

☐ L ☐ mL ◯ ☐ L ☐ mL
└─ 어제 마시고 남은 식혜의 양   └─→ 오늘 마신 식혜의 양

= ☐ L ☐ mL

답 _____

왼쪽 **1** 번과 같이 문제에 색칠하고 밑줄을 그어 가며 문제를 풀어 보세요.

1-1

지우와 창준이가 마시기 전과 / 마신 후 음료수의 들이입니다. /
지우와 창준이가 마신 음료수는 / 모두 몇 mL인가요?

	지우	창준
마시기 전	2 L	1 L 400 mL
마신 후	1 L 600 mL	900 mL

문제 돌보기

✔ 지우가 마시기 전과 마신 후 음료수의 들이는?

→ 마시기 전: ☐ L, 마신 후: ☐ L ☐ mL

✔ 창준이가 마시기 전과 마신 후 음료수의 들이는?

→ 마시기 전: ☐ L ☐ mL, 마신 후: ☐ mL

✚ 구해야 할 것은?

→ _____

풀이 과정

❶ 지우가 마신 음료수의 양은?

☐ L ◯ ☐ L ☐ mL = ☐ mL

❷ 창준이가 마신 음료수의 양은?

☐ L ☐ mL ◯ ☐ mL = ☐ mL

❸ 지우와 창준이가 마신 음료수의 양은?

☐ mL ◯ ☐ mL = ☐ mL

답 _____

문제가
어려웠나요?

☐ 어려워요. o.o

☐ 적당해요. ^-^

☐ 쉬워요. >o<

2 몸무게가 3 kg 500 g인 강아지를 /
한종이가 안고 체중계에 올라가 /
몸무게를 재었더니 40 kg 100 g이었습니다. /
한종이는 강아지보다 /
몇 kg 몇 g 더 무거운가요?

↳➔ 구해야 할 것

문제 돋보기

✓ 강아지의 몸무게는? → ☐ kg ☐ g

✓ 강아지를 한종이가 안고 잰 몸무게는? → ☐ kg ☐ g

✦ 구해야 할 것은?

→ _____ 한종이와 강아지의 몸무게의 차 _____

풀이 과정

❶ 한종이의 몸무게는?

☐ kg ☐ g ◯ ☐ kg ☐ g = ☐ kg ☐ g

↳ 한종이가 강아지를
안고 잰 몸무게

↳ 강아지의 몸무게

❷ 한종이는 강아지보다 몇 kg 몇 g 더 무거운지 구하면?

☐ kg ☐ g ◯ ☐ kg ☐ g = ☐ kg ☐ g

↳ 한종이의 몸무게

답 _____

~~~~~~
왼쪽 **2** 번과 같이 문제에 색칠하고 밑줄을 그어 가며 문제를 풀어 보세요.
~~~~~~

2-1

무게가 같은 백과사전 2권이 들어 있는 /
가방의 무게를 재어 보았더니
10 kg 500 g이었습니다. /
백과사전 한 권의 무게가 4 kg 800 g일 때, /
빈 가방의 무게는 / 몇 g인가요?

**문제
돌보기**

✔ 백과사전 2권이 들어 있는 가방의 무게는? → ☐ kg ☐ g

✔ 백과사전 한 권의 무게는? → ☐ kg ☐ g

✦ 구해야 할 것은?

→ _____

**풀이
과정**

❶ 백과사전 2권의 무게는?

☐ kg ☐ g ◯ ☐ kg ☐ g

= ☐ kg ☐ g

❷ 빈 가방의 무게는?

☐ kg ☐ g ◯ ☐ kg ☐ g

= ☐ g

답 _____

**문제가
어려웠나요?**

☐ 어려워요. o.o

☐ 적당해요. ^-^

☐ 쉬워요. >o<

107

문제를 읽고 '연습하기'에서 했던 것처럼 밑줄을 그어 가며 문제를 풀어 보세요.

1 유찬이는 두유 12 L 300 mL를 사 와서 삼촌에게
2 L 800 mL를 주고, 이모에게 4 L 200 mL를
주었습니다. 남은 두유는 몇 L 몇 mL인가요?

❶ 삼촌에게 주고 남은 두유의 양은?

❷ 남은 두유의 양은?

답 _____

2 몸무게가 4 kg 700 g인 고양이를 지희가 안고 체중계에 올라가 몸무게를 재었더니
37 kg 500 g이었습니다. 고양이는 지희보다 몇 kg 몇 g 더 가벼운가요?

❶ 지희의 몸무게는?

❷ 고양이는 지희보다 몇 kg 몇 g 더 가벼운지 구하면?

답 _____

3 명재와 강태가 산 음료수의 들이입니다. 누가 산 음료수의 들이가 몇 mL 더 많은가요?

	명재	강태
콜라	1 L 400 mL	700 mL
사이다	800 mL	1 L 600 mL

❶ 명재가 산 음료수의 양은?

❷ 강태가 산 음료수의 양은?

❸ 누가 산 음료수의 들이가 몇 mL 더 많은지 구하면?

답 _____ , _____

4 무게가 같은 찰흙 3개가 들어 있는 통의 무게를 재어 보았더니 4 kg 100 g이었습니다. 찰흙 한 개의 무게가 1 kg 100 g일 때, 빈 통의 무게는 몇 g인가요?

❶ 찰흙 3개의 무게는?

❷ 빈 통의 무게는?

답 _____

문장제 연습하기

★ 가장 가깝게 어림한 사람 찾기

1 재현이와 민정이가 실제 들이가 7 L인 / 수조의 들이를 어림하였습니다. / 수조의 실제 들이에 / 더 가깝게 어림한 사람은 누구인가요?

└─➔ 구해야 할 것

수조의 들이는 약 5 L 800 mL 일 것 같아.

재현

내 생각엔 약 8 L 400 mL 일 것 같아.

민정

문제 돋보기

✓ 수조의 실제 들이는? → [ ] L

✓ 재현이와 민정이가 각각 어림한 들이는?

→ 재현: 약 [ ] L [ ] mL, 민정: 약 [ ] L [ ] mL

✦ 구해야 할 것은?

→ ___수조의 실제 들이에 더 가깝게 어림한 사람___

풀이 과정

❶ 재현이와 민정이가 각각 어림한 들이와 실제 들이의 차는?

재현: [ ] L − [ ] L [ ] mL = [ ] L [ ] mL

민정: [ ] L [ ] mL − [ ] L = [ ] L [ ] mL

❷ 수조의 실제 들이에 더 가깝게 어림한 사람은?

[ ] L [ ] mL < [ ] L [ ] mL이므로 ── 어림한 들이와 실제 들이의 차가 작을수록 가깝게 어림한 것입니다.

수조의 실제 들이에 더 가깝게 어림한 사람은 [ ] 입니다.

답 _____

110

왼쪽 **1** 번과 같이 문제에 색칠하고 밑줄을 그어 가며 문제를 풀어 보세요.

1-1

경환, 상희, 혜원이가 실제 무게가 **4 kg**인 /
쌀의 무게를 각각 오른쪽과 같이 어림하였습니다. /
쌀의 실제 무게에 / 가장 가깝게 어림한 사람은
누구인가요?

> • 경환: 약 **4 kg 200 g**
> • 상희: 약 **3 kg 930 g**
> • 혜원: 약 **4 kg 50 g**

문제 돋보기

✔ 쌀의 실제 무게는? → ☐ kg

✔ 경환, 상희, 혜원이가 각각 어림한 무게는?

　→ 경환: 약 ☐ kg ☐ g, 상희: 약 ☐ kg ☐ g,

　　혜원: 약 ☐ kg ☐ g

✦ 구해야 할 것은?

　→ _____

풀이 과정

❶ 경환, 상희, 혜원이가 각각 어림한 무게와 실제 무게의 차는?

경환: ☐ kg ☐ g − ☐ kg = ☐ g

상희: ☐ kg − ☐ kg ☐ g = ☐ g

혜원: ☐ kg ☐ g − ☐ kg = ☐ g

❷ 쌀의 실제 무게에 가장 가깝게 어림한 사람은?

☐ g < ☐ g < ☐ g이므로 쌀의 실제 무게에

가장 가깝게 어림한 사람은 ☐ 입니다.

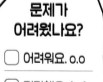

> **문제가 어려웠나요?**
> ☐ 어려워요. o.o
> ☐ 적당해요. ^-^
> ☐ 쉬워요. >o<

답 _____

2 4 t까지 실을 수 있는 / 빈 트럭이 있습니다. /
이 트럭에 20 kg짜리 물건 54개, /
30 kg짜리 물건 76개를 실었습니다. /
이 트럭에 몇 kg까지 더 실을 수 있나요?

└─→ 구해야 할 것

문제 돋보기

✔ 트럭에 실을 수 있는 최대 무게는? → ☐ t

✔ 트럭에 실은 물건의 무게는?

→ 20 kg짜리 물건 ☐ 개, 30 kg짜리 물건 ☐ 개

✦ 구해야 할 것은?

→ _____트럭에 더 실을 수 있는 무게_____

풀이 과정

❶ 트럭에 실을 수 있는 최대 무게를 kg으로 나타내면?

☐ t= ☐ kg

❷ 트럭에 실은 물건의 무게는?

┌─→20 kg짜리 물건 54개의 무게   ┌─→ 30 kg짜리 물건 76개의 무게

20 × ☐ = ☐ (kg), 30 × ☐ = ☐ (kg)

⇨ ☐ ◯ ☐ = ☐ (kg)

❸ 트럭에 더 실을 수 있는 무게는?

☐ ◯ ☐ = ☐ (kg)

└→ 트럭에 실을 수 있는   └→ 트럭에 실은 물건의 무게
최대 무게

답 _____

112

왼쪽 **2** 번과 같이 문제에 색칠하고 밑줄을 그어 가며 문제를 풀어 보세요.

2-1

어느 승강기에 최대로 실을 수 있는 무게는 3 t입니다. /
이 승강기에 / 한 상자의 무게가 15 kg인 감자 80상자, /
한 상자의 무게가 20 kg인 고구마 75상자를 / 실었습니다. /
이 승강기에 몇 kg까지 더 실을 수 있나요?

문제 돋보기

✔ 승강기에 실을 수 있는 최대 무게는? → ▢ t

✔ 승강기에 실은 감자와 고구마의 무게는?

　　→ 한 상자의 무게가 15 kg인 감자 ▢ 상자,

　　　한 상자의 무게가 20 kg인 고구마 ▢ 상자

✦ 구해야 할 것은?

　→ _____

풀이 과정

❶ 승강기에 실을 수 있는 최대 무게를 kg으로 나타내면?

　▢ t = ▢ kg

❷ 승강기에 실은 감자와 고구마의 무게의 합은?

　15 × ▢ = ▢ (kg), 20 × ▢ = ▢ (kg)

　⇨ ▢ ◯ ▢ = ▢ (kg)

❸ 승강기에 더 실을 수 있는 무게는?

　▢ ◯ ▢ = ▢ (kg)

답 _____

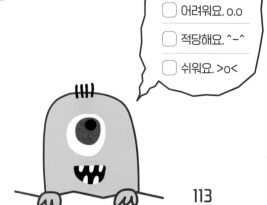

문제가
어려웠나요?

☐ 어려워요. o.o

☐ 적당해요. ^-^

☐ 쉬워요. >o<

문장제 실력 쌓기

★ 가장 가깝게 어림한 사람 찾기
★ 얼마나 더 실을 수 있는지 구하기

문제를 읽고 '연습하기'에서 했던 것처럼 밑줄을 그어 가며 문제를 풀어 보세요.

1 민채와 희재가 실제 무게가 6 kg인 볼링공의 무게를 어림하였습니다.
볼링공의 실제 무게에 더 가깝게 어림한 사람은 누구인가요?

❶ 민채와 희재가 각각 어림한 무게와 실제 무게의 차는?

❷ 볼링공의 실제 무게에 더 가깝게 어림한 사람은?

답 _____

2 5 t까지 실을 수 있는 빈 트럭이 있습니다. 이 트럭에 30 kg짜리 물건 80개,
35 kg짜리 물건 65개를 실었습니다. 이 트럭에 몇 kg까지 더 실을 수 있나요?

❶ 트럭에 실을 수 있는 최대 무게를 kg으로 나타내면?

❷ 트럭에 실은 물건의 무게는?

❸ 트럭에 더 실을 수 있는 무게는?

답 _____

114

정답과 해설 27쪽

3 완종, 아름, 진우가 물 3 L를
각각 오른쪽과 같이 어림하였습니다.
3 L에 가장 가깝게 어림한 사람은 누구인가요?

> • 완종: 약 2 L 780 mL
> • 아름: 약 3020 mL
> • 진우: 약 3 L 100 mL

❶ 완종, 아름, 진우가 각각 어림한 들이와 3 L의 차는?

❷ 3 L에 가장 가깝게 어림한 사람은?

🔑 답 _____

4 어느 지게차에 최대로 실을 수 있는 무게는 2 t입니다. 이 지게차에 한 자루의 무게가
18 kg인 배추 41자루, 한 자루의 무게가 20 kg인 무 49자루를 실었습니다.
이 지게차에 몇 kg까지 더 실을 수 있나요?

❶ 지게차에 실을 수 있는 최대 무게를 kg으로 나타내면?

❷ 지게차에 실은 배추와 무의 무게의 합은?

❸ 지게차에 더 실을 수 있는 무게는?

🔑 답 _____

104쪽 들이의 덧셈과 뺄셈

1 빨간색 페인트 4 L 600 mL와 파란색 페인트 4 L 700 mL를 섞어서
보라색 페인트를 만들었습니다. 만든 보라색 페인트 중에서
5 L 200 mL를 사용했다면 남은 페인트는 몇 L 몇 mL인가요?

 풀이

답 _____

106쪽 무게의 덧셈과 뺄셈

2 무게가 2 kg 400 g인 화분을 주원이가 안고 체중계에 올라가 몸무게를
재었더니 43 kg 900 g이었습니다.
주원이는 화분보다 몇 kg 몇 g 더 무거운가요?

풀이

답 _____

104쪽 들이의 덧셈과 뺄셈

3 건우와 진수가 바닷가에서 떠 온 물을 빈 어항에 부었습니다.
건우가 떠 온 물은 1 L 850 mL이고, 진수가 떠 온 물은 2 L 300 mL입니다.
어항의 들이가 8 L일 때, 어항을 가득 채우려면 물을 몇 L 몇 mL
더 부어야 하나요?

 풀이

답 _____

112쪽 얼마나 더 실을 수 있는지 구하기

4

1 t까지 실을 수 있는 빈 트럭이 있습니다.

이 트럭에 47 kg짜리 물건과 38 kg짜리 물건을 각각 9개씩 실었습니다.

이 트럭에 몇 kg까지 더 실을 수 있나요?

풀이

답 _____

110쪽 가장 가깝게 어림한 사람 찾기

5

유수와 세진이가 실제 들이가 4 L인 대야의
들이를 각각 오른쪽과 같이 어림하였습니다.
대야의 실제 들이에 더 가깝게 어림한 사람은
누구인가요?

> • 유수: 약 3 L 600 mL
> • 세진: 약 4 L 530 mL

풀이

답 _____

106쪽 무게의 덧셈과 뺄셈

6

무게가 같은 수박 2통이 들어 있는 상자의 무게를 재어 보았더니
9 kg 400 g이었습니다. 상자만의 무게가 1 kg 200 g이라면
수박 한 통의 무게는 몇 kg 몇 g인가요?

풀이

답 _____

단원 마무리

104쪽 들이의 덧셈과 뺄셈

7 윤희와 수아가 산 주스의 들이입니다. 누가 산 주스의 들이가 몇 mL 더 적은가요?

	윤희	수아
사과주스	3 L 200 mL	2 L 800 mL
당근주스	1 L 900 mL	2 L 500 mL

풀이

답 _____ , _____

110쪽 가장 가깝게 어림한 사람 찾기

8 영미, 준용, 현아가 실제 무게가 2 kg인 멜론의 무게를 각각 오른쪽과 같이 어림하였습니다. 멜론의 실제 무게에 가장 가깝게 어림한 사람은 누구인가요?

- 영미: 약 2 kg 80 g
- 준용: 약 1 kg 900 g
- 현아: 약 2150 g

풀이

답 _____

118

9 [112쪽] 얼마나 더 실을 수 있는지 구하기

어느 승강기에 최대로 실을 수 있는 무게는 9 t입니다. 이 승강기에 한 상자의 무게가 50 kg인 타일 94상자, 한 상자의 무게가 65 kg인 시멘트 57상자를 실었습니다. 이 승강기에 몇 kg까지 더 실을 수 있나요?

풀이

답 _____

도전! 10 [106쪽] 무게의 덧셈과 뺄셈

빈 상자에 무게가 같은 음료수 캔 6개를 담아 무게를 재었더니 2 kg 50 g이었습니다. 여기에 똑같은 음료수 캔 3개를 더 담았더니 2 kg 800 g이 되었습니다. 빈 상자의 무게는 몇 g인가요?

❶ 음료수 캔 3개의 무게는?

❷ 음료수 캔 6개의 무게는?

❸ 빈 상자의 무게는?

내
가
지
다
니
⋯

답 _____

정답과 해설 39쪽에 붙이면 몬스터를 가둘 수 있어요!

6 그림그래프

18일
- 표와 그림그래프 완성하기
- 그림의 단위를 구하여 항목의 수 구하기

 19일
- 그림그래프에서 가장 많은(적은) 항목 찾기
- 조건에 맞는 자료의 수 구하기

 20일
단원 마무리

내가 낸 문제를 모두 풀어야
몰랑이를 구할 수 있어!

문장제
준비
하기

시작!

함정

나는 '마롱'이다!
용케 여기까지 왔군.
여기 있는 문장들도
모두 완성해야
지나갈 수 있어.

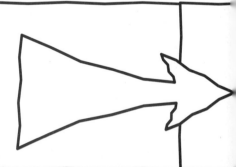

이제 마지막
단원이야.
곡만 더 힘내!

1

색깔별 젤리의 수를 표로 나타내면 다음과 같아.

색깔별 젤리의 수

색깔	분홍색	보라색	초록색	합계
젤리의 수(개)	5	12	7	24

표를 그림그래프로 나타내면?

색깔별 젤리의 수

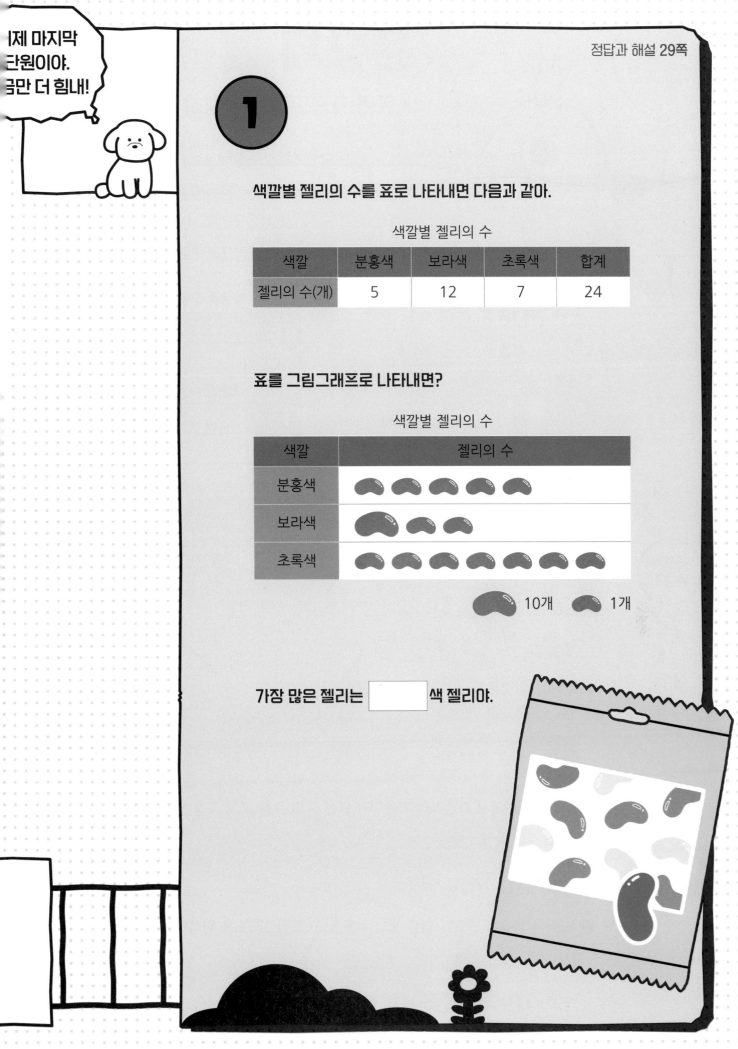

가장 많은 젤리는 [   ]색 젤리야.

문장제 연습하기

★ 표와 그림그래프 완성하기

1

현우네 모둠 학생들이 읽은 책의 수를 / 조사하여 표와 그림그래프로 나타내었습니다. / 표와 그림그래프를 완성해 보세요.

┗━ ✦ 구해야 할 것

학생들이 읽은 책의 수

이름	현우	하정	가온	민호	합계
책의 수(권)	24			31	93

학생들이 읽은 책의 수

이름	책의 수
현우	
하정	📖📖 📖📖 📖📖
가온	📖 📖📖📖📖📖📖
민호	

📖 10권   📖 1권

문제 돋보기

✓ 표에서 현우와 민호가 읽은 책의 수는? → 현우: ☐ 권, 민호: ☐ 권

✓ 그림그래프에서 📖과 📖이 각각 나타내는 책의 수는?

→ 📖 ☐ 권, 📖 ☐ 권

✦ 구해야 할 것은?

→ _____표와 그림그래프 완성하기_____

풀이 과정

❶ 그림그래프에서 하정이와 가온이가 읽은 책의 수를 보고 표를 완성하면?

하정: 📖 2개, 📖 2개 ⇨ ☐ 권

가온: 📖 1개, 📖 6개 ⇨ ☐ 권

❷ 표에서 현우와 민호가 읽은 책의 수를 보고 그림그래프를 완성하면?

현우: 24권 ⇨ 📖 ☐ 개, 📖 ☐ 개

민호: 31권 ⇨ 📖 ☐ 개, 📖 ☐ 개

왼쪽 **1** 번과 같이 문제에 색칠하고 밑줄을 그어 가며 문제를 풀어 보세요.

1-1

진주네 마을의 과수원별 사과 생산량을 / 조사하여 표와 그림그래프로 나타내었습니다. / 표와 그림그래프를 완성해 보세요.

과수원별 사과 생산량

과수원별 사과 생산량

과수원	청솔	다솔	민솔	오솔	합계
생산량 (상자)		34		21	120

과수원	사과 생산량
청솔	🍎🍎🍏🍏🍏🍏🍏
다솔	
민솔	🍎🍎🍎🍎
오솔	

🍎10상자 🍏1상자

문제 돋보기

✔ 표에서 다솔 과수원과 오솔 과수원의 사과 생산량은?

→ 다솔 과수원: ☐ 상자, 오솔 과수원: ☐ 상자

✔ 그림그래프에서 🍎과 🍏이 각각 나타내는 상자 수는?

→ 🍎 ☐ 상자, 🍏 ☐ 상자

✦ 구해야 할 것은?

→ _____

풀이 과정

❶ 그림그래프에서 청솔 과수원과 민솔 과수원의 사과 생산량을 보고 표를 완성하면?

청솔 과수원: 🍎 2개, 🍏 5개 ⇨ ☐ 상자

민솔 과수원: 🍎 4개 ⇨ ☐ 상자

❷ 표에서 다솔 과수원과 오솔 과수원의 사과 생산량을 보고 그림그래프를 완성하면?

다솔 과수원: 34상자 ⇨ 🍎 ☐ 개, 🍏 ☐ 개

오솔 과수원: 21상자 ⇨ 🍎 ☐ 개, 🍏 ☐ 개

문제가 어려웠나요?

☐ 어려워요. o.o

☐ 적당해요. ^-^

☐ 쉬워요. >o<

문장제 연습하기

★ 그림의 단위를 구하여
항목의 수 구하기

2 지호네 학교 3학년 학생들의 취미를 / 조사하여 그림그래프로 나타내었습니다. /
노래가 취미인 학생이 25명일 때, / 운동이 취미인 학생은 몇 명인가요?
━━┓ ◆ 구해야 할 것

학생들의 취미

취미	학생 수
노래	😊 😊 🙂 🙂 🙂 🙂 🙂
운동	😊 🙂 🙂 🙂 🙂 🙂 🙂 🙂 🙂
게임	😊 😊 😊 🙂 🙂 🙂

문제 돋보기

✓ 노래가 취미인 학생 수는? → ☐ 명

✦ 구해야 할 것은?

→ _____ 운동이 취미인 학생 수 _____

풀이 과정

❶ 😊과 🙂이 각각 나타내는 학생 수는?

노래가 취미인 학생 ☐ 명을 😊 2개, 🙂 ☐ 개로 나타내었으므로

😊은 10명, 🙂은 ☐ 명을 나타냅니다.

❷ 운동이 취미인 학생 수는?

10명을 나타내는 그림이 ☐ 개, ☐ 명을 나타내는 그림이 ☐ 개이므로

운동이 취미인 학생은 ☐ 명입니다.

답 _____

126

왼쪽 2 번과 같이 문제에 색칠하고 밑줄을 그어 가며 문제를 풀어 보세요.

2-1

어느 지역의 마을별로 모은 빈 병의 수를 / 조사하여 그림그래프로 나타내었습니다. /
초원 마을에서 모은 빈 병이 140병일 때, / 고요 마을에서 모은 빈 병은 몇 병인가요?

마을별 모은 빈 병의 수

마을	빈 병의 수
초원	
호수	
고요	

문제 돋보기

✔ 초원 마을에서 모은 빈 병의 수는? → ☐ 병

✦ 구해야 할 것은?

→ _____

풀이 과정

❶ 과 이 각각 나타내는 빈 병의 수는?

초원 마을에서 모은 빈 병 ☐ 병을 1개, ☐ 개로 나타내었으므로

은 100병, 은 ☐ 병을 나타냅니다.

❷ 고요 마을에서 모은 빈 병의 수는?

100병을 나타내는 그림이 ☐ 개, ☐ 병을 나타내는 그림이

☐ 개이므로 고요 마을에서 모은 빈 병은

☐ 병입니다.

문제가 어려웠나요?

☐ 어려워요. o.o

☐ 적당해요. ^-^

☐ 쉬워요. >o<

답 _____

127

문장제 실력 쌓기

★ 표와 그림그래프 완성하기
★ 그림의 단위를 구하여 항목의 수 구하기

문제를 읽고 '연습하기'에서 했던 것처럼 밑줄을 그어 가며 문제를 풀어 보세요.

1 혜진이네 학교 근처 가게에서 일주일 동안 팔린 아이스크림의 수를 조사하여 표와 그림그래프로 나타내었습니다. 표와 그림그래프를 완성해 보세요.

가게별 아이스크림 판매량

가게	㉮	㉯	㉰	㉱	합계
판매량 (개)		180	230		800

가게별 아이스크림 판매량

가게	아이스크림 판매량
㉮	🍦🍦 🍦🍦🍦🍦
㉯	
㉰	
㉱	🍦 🍦🍦🍦🍦🍦

🍦 100개
🍦 10개

❶ 그림그래프에서 ㉮ 가게와 ㉱ 가게의 아이스크림 판매량을 보고 표를 완성하면?

❷ 표에서 ㉯ 가게와 ㉰ 가게의 아이스크림 판매량을 보고 그림그래프를 완성하면?

2 동혁이네 학교 3학년 학생들이 반별로 모은 신문지의 무게를 조사하여
그림그래프로 나타내었습니다.
4반에서 모은 신문지가 28 kg일 때, 3반에서 모은 신문지는 몇 kg인가요?

반별로 모은 신문지의 무게

❶ , , 이 각각 나타내는 무게는?

❷ 3반에서 모은 신문지의 무게는?

답 _____

1

호준이네 마을의 농장별 오이 수확량을 조사하여 / 그림그래프로 나타내었습니다. / 달빛 농장의 오이 수확량은 / 별빛 농장의 오이 수확량보다 / 110 kg 더 많습니다. / 오이를 가장 많이 수확한 농장은 / 어느 농장인가요? ┐→ 구해야 할 것

농장별 오이 수확량

농장	오이 수확량
하늘	🥒🥒🥒🥒 /////
별빛	🥒🥒 ///////
구름	🥒🥒 ////////
달빛	

🥒 100 kg / 10 kg

문제 돋보기

✔ 달빛 농장의 오이 수확량은?

→ 별빛 농장보다 [ ] kg 더 많습니다.

✚ 구해야 할 것은?

→ 오이를 가장 많이 수확한 농장

풀이 과정

❶ 하늘 농장, 별빛 농장, 구름 농장의 오이 수확량을 각각 구하면?

하늘 농장: [ ] kg, 별빛 농장: [ ] kg, 구름 농장: [ ] kg

❷ 달빛 농장의 오이 수확량은?

[ ] + [ ] = [ ] (kg)입니다.
└→ 별빛 농장의 오이 수확량

❸ 오이를 가장 많이 수확한 농장은?

[ ] > [ ] > [ ] > [ ] 이므로

오이를 가장 많이 수확한 농장은 [ ] 농장입니다.

답 _____

왼쪽 **1** 번과 같이 문제에 색칠하고 밑줄을 그어 가며 문제를 풀어 보세요.

1-1

이번 달에 정은이네 아파트에 /
동별로 도착한 택배 수를 조사하여 /
그림그래프로 나타내었습니다. /
3동에 도착한 택배는 /
1동에 도착한 택배보다 /
70건 더 적습니다. /
택배가 가장 적게 도착한 동은 /
어느 동인가요?

동별 택배 수

동	택배 수
1동	
2동	
3동	
4동	

📦100건 📦50건 📦10건

문제 돋보기

✔ 3동에 도착한 택배 수는?

→ 1동보다 [   ] 건 더 적습니다.

✚ 구해야 할 것은?

→ _____

풀이 과정

❶ 1동, 2동, 4동에 도착한 택배 수를 각각 구하면?

1동: [   ] 건, 2동: [   ] 건, 4동: [   ] 건

❷ 3동에 도착한 택배 수는?

[   ] − [   ] = [   ] (건)입니다.
　　└→ 1동에 도착한 택배 수

❸ 택배가 가장 적게 도착한 동은?

[   ] < [   ] < [   ] < [   ] 이므로

택배가 가장 적게 도착한 동은 [   ] 동입니다.

답 _____

문제가 어려웠나요?

☐ 어려워요. o.o

☐ 적당해요. ^-^

☐ 쉬워요. >o<

131

2 윤석이네 마을의 공원별 나무의 수를
조사하여 / 그림그래프로 나타내었습니다. /
네 공원에 있는 나무가 모두 100그루이고, /
소망 공원의 나무가 /
바람 공원의 나무보다 9그루 더 많을 때, /
바람 공원의 나무는 몇 그루인가요?

└─➜ 구해야 할 것

공원별 나무의 수

공원	나무의 수
소망	
은혜	🌳🌳🌳🌴🌴🌴🌴
바람	
햇빛	🌳🌳🌴🌴🌴

🌳10그루 🌴1그루

문제 돋보기

✔ 네 공원에 있는 전체 나무의 수는? → ☐ 그루

✔ 소망 공원과 바람 공원의 나무의 수의 차는? → ☐ 그루

✦ 구해야 할 것은?

→ 바람 공원의 나무의 수
_____

풀이 과정

❶ 소망 공원과 바람 공원의 나무의 수의 합은?

은혜 공원: ☐ 그루, 햇빛 공원: ☐ 그루

⇨ (소망 공원과 바람 공원의 나무의 수의 합)

= 100 − ☐ − ☐ = ☐ (그루)

은혜 공원의 나무의 수 ┘   └→ 햇빛 공원의 나무의 수

❷ 바람 공원의 나무의 수는?

바람 공원의 나무의 수를 ■그루라 하면 소망 공원의 나무의 수는

(■ + ☐)그루이므로 ■ + ☐ + ■ = ☐ , ■ + ■ = ☐ ,

■ = ☐ 입니다.

답 _____

왼쪽 **2** 번과 같이 문제에 색칠하고 밑줄을 그어 가며 문제를 풀어 보세요.

2-1

주연이네 마을의 농장별 돼지의 수를
조사하여 / 그림그래프로 나타내었습니다. /
네 농장의 돼지가 모두 120마리이고, /
마음 농장의 돼지가 /
두레 농장의 돼지보다 3마리 더 적을 때, /
두레 농장의 돼지는 몇 마리인가요?

농장별 돼지의 수

농장	돼지의 수
새싹	🐷 🐷 🐷 🐷 🐖 🐖
마음	
두레	
바다	🐷 🐖 🐖 🐖 🐖 🐖 🐖 🐖

🐷10마리 🐖1마리

문제 돋보기

✓ 네 농장에서 기르고 있는 전체 돼지의 수는? → ☐ 마리

✓ 마음 농장과 두레 농장의 돼지의 수의 차는? → ☐ 마리

✦ 구해야 할 것은?

→ _____

풀이 과정

❶ 마음 농장과 두레 농장의 돼지의 수의 합은?

새싹 농장: ☐ 마리, 바다 농장: ☐ 마리

⇨ (마음 농장과 두레 농장의 돼지의 수의 합)

= 120 − ☐ − ☐ = ☐ (마리)

❷ 두레 농장의 돼지의 수는?

두레 농장의 돼지의 수를 ■ 마리라 하면 마음 농장의 돼지의 수는

(■ − ☐)마리이므로 ■ − ☐ + ■ = ☐ ,

■ + ■ = ☐ , ■ = ☐ 입니다.

답 _____

문제가 어려웠나요?

☐ 어려워요. o.o

☐ 적당해요. ^-^

☐ 쉬워요. >o<

133

문장제 실력 쌓기

★ 그림그래프에서 가장 많은(적은) 항목 찾기
★ 조건에 맞는 자료의 수 구하기

문제를 읽고 '연습하기'에서 했던 것처럼 밑줄을 그어 가며 문제를 풀어 보세요.

1 어느 가게에서 일주일 동안 팔린 음식의 양을 조사하여 그림그래프로 나타내었습니다.
김밥의 판매량은 떡볶이의 판매량보다 130그릇 더 많습니다.
가장 많이 팔린 음식부터 차례로 써 보세요.

음식별 판매량

음식	판매량
떡볶이	⬭ ⬭ ⬭ ⬭ ⬭
김밥	
볶음밥	⬭ ⬭ ⬭ ⬭ ⬭
돈가스	⬭ ⬭ ⬭ ⬭ ⬭

⬭ 100그릇
⬭ 50그릇
⬭ 10그릇

❶ 떡볶이, 볶음밥, 돈가스의 판매량을 각각 구하면?

❷ 김밥의 판매량은?

❸ 가장 많이 팔린 음식부터 차례로 쓰면?

답 _____

2 어느 지역의 마을에서 일주일 동안 생산한 쌀의 양을 조사하여 그림그래프로
나타내었습니다. 네 마을에서 생산한 쌀의 양이 모두 1500 kg이고,
㉴ 마을의 쌀 생산량이 ㉳ 마을의 쌀 생산량보다 130 kg 더 많을 때,
㉳ 마을의 쌀 생산량은 몇 kg인가요?

마을별 쌀 생산량

마을	쌀 생산량
㉮	
㉯	
㉰	
㉱	

🌾 100 kg
🌾 10 kg

❶ ㉰ 마을과 ㉱ 마을의 쌀 생산량의 합은?

❷ ㉰ 마을의 쌀 생산량은?

답 _____

단원 마무리

124쪽 표와 그림그래프 완성하기

1 영식이네 마을의 과수원별 귤 생산량을 조사하여 표와 그림그래프로 나타내었습니다. 표와 그림그래프를 완성해 보세요.

과수원별 귤 생산량

과수원	㉮	㉯	㉰	㉱	합계
생산량 (상자)	30			25	120

과수원별 귤 생산량

과수원	귤 생산량
㉮	
㉯	
㉰	
㉱	

🍊10상자 🍊1상자

풀이

126쪽 그림의 단위를 구하여 항목의 수 구하기

2 영민이네 마을의 목장에서 일주일 동안 생산한 우유의 양을 조사하여 그림그래프로 나타내었습니다. ㉮ 목장의 우유 생산량이 32 kg일 때, ㉯ 목장의 우유 생산량은 몇 kg인가요?

목장별 우유 생산량

목장	우유 생산량
㉮	
㉯	
㉰	

풀이

답 _____

정답과 해설 32쪽

3

130쪽 그림그래프에서 가장 많은(적은) 항목 찾기

의서네 학교 3학년 학생들이 받고 싶은 선물을 조사하여 그림그래프로 나타내었습니다.
게임기를 받고 싶은 학생 수는 책가방을 받고 싶은 학생 수의 2배일 때, 가장 많은 학생들이 받고 싶은 선물은 무엇인가요?

학생들이 받고 싶은 선물

선물	학생 수
휴대전화	😊 😊 😊 😊 😊
게임기	
책가방	😊 😊 😊 😊 😊 😊 😊 😊 😊
운동화	😊 😊 😊 😊 😊 😊 😊

😊10명 ◡1명

풀이

답 _____

4

130쪽 그림그래프에서 가장 많은(적은) 항목 찾기

어느 만두 가게에서 하루 동안 팔린 만두의 수를 조사하여 그림그래프로 나타내었습니다. 김치만두는 고기만두보다 70개 더 적게 팔렸고, 새우만두는 갈비만두보다 20개 더 많이 팔렸습니다. 가장 적게 팔린 만두부터 차례로 써 보세요.

종류별 팔린 만두의 수

종류	만두의 수
고기	🥟 🥟 🥟 🥟 🥟 🥟 🥟 🥟
김치	
갈비	🥟 🥟 🥟 🥟
새우	

🥟100개 ◔10개

풀이

답 _____

단원 마무리

5 132쪽 조건에 맞는 자료의 수 구하기

어느 지역의 아파트별 의자의 수를 조사하여 그림그래프로 나타내었습니다. 네 아파트에 있는 의자가 모두 160개이고, ㉮ 아파트의 의자가 ㉯ 아파트의 의자보다 14개 더 많을 때, ㉯ 아파트의 의자는 몇 개인가요?

풀이

아파트별 의자의 수

아파트	의자의 수
㉮	
㉯	
㉰	
㉱	

10개　5개　1개

답 _____

6 130쪽 그림그래프에서 가장 많은(적은) 항목 찾기

정호네 마을의 농장별 가지 수확량을 조사하여 그림그래프로 나타내었습니다. ㉱ 농장의 가지 수확량은 ㉮ 농장의 가지 수확량보다 180 kg 더 많습니다. 가지 수확량이 가장 많은 농장과 두 번째로 많은 농장의 수확량의 차는 몇 kg인가요?

풀이

농장별 가지 수확량

농장	가지 수확량
㉮	
㉯	
㉰	
㉱	

100 kg　10 kg

답 _____

정답과 해설 33쪽

도전! 7

132쪽　조건에 맞는 자료의 수 구하기

지희네 마을의 공장별 소금 생산량을 조사하여 그림그래프로 나타내었습니다. 네 공장의 소금 생산량이 모두 1400 kg이고, ㉯ 공장의 소금 생산량이 ㉱ 공장의 소금 생산량보다 100 kg 더 적을 때, 소금 생산량이 가장 많은 공장과 가장 적은 공장의 소금 생산량의 합은 몇 kg인가요?

공장별 소금 생산량

공장	소금 생산량
㉮	소금 소금 소금 소금 소금 소금 소금 소금
㉯	
㉰	소금 소금 소금 소금 소금 소금 소금 소금 소금
㉱	

소금 100 kg
소금 10 kg

❶ ㉯ 공장과 ㉱ 공장의 소금 생산량의 합은?

❷ ㉯ 공장과 ㉱ 공장의 소금 생산량을 각각 구하면?

❸ 소금 생산량이 가장 많은 공장과 가장 적은 공장의 소금 생산량의 합은?

내가 지다니…

답 _____

정답과 해설 39쪽에 붙이면 몬스터를 가둘 수 있어요!

1 진주네 반 남학생은 15명이고, 여학생은 13명입니다. 공책을 진주네 반 전체 학생에게 한 명당 26권씩 주려면 필요한 공책은 모두 몇 권인가요?

풀이

답 _____

2 화성이는 하루에 15쪽씩 8일 동안 읽은 과학책을 다시 읽으려고 합니다. 매일 똑같은 쪽수씩 5일 만에 모두 읽으려면 하루에 몇 쪽씩 읽어야 하나요?

풀이

답 _____

3 원의 반지름이 11 cm일 때, 삼각형 ㅇㄱㄴ의 세 변의 길이의 합은 몇 cm인가요?

풀이

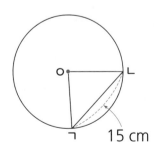

답 _____

정답과 해설 34쪽

4 3장의 수 카드 2 , 7 , 4 중에서 2장을 뽑아 한 번씩만 사용하여

소수 ■.▲를 만들려고 합니다.

만들 수 있는 소수 중에서 가장 큰 수를 구해 보세요.

풀이

답 _____

5 은주네 학교 3학년 학생들의
장래 희망을 조사하여 그림그래프로
나타내었습니다. 장래 희망이 의사인
학생은 운동선수인 학생보다 19명
더 많습니다. 가장 많은 학생들의
장래 희망은 무엇인가요?

풀이

3학년 학생들의 장래 희망

장래 희망	학생 수
연예인	☺ ☺ ☺ ☻ ☻ ☻
운동선수	☺ ☺ ☻ ☻ ☻ ☻ ☻
의사	
선생님	☺ ☺ ☺ ☺ ☻

☺10명 ☻1명

답 _____

141

6 어떤 수에 45를 곱해야 할 것을 잘못하여 45를 뺐더니 36이 되었습니다. 바르게 계산한 값은 얼마인가요?

풀이

답 _____

7 축구공 90개를 바구니에 모두 담으려고 합니다. 한 바구니에 8개까지 담을 수 있다면 바구니는 적어도 몇 개 필요한가요?

풀이

답 _____

8 무게가 같은 밀가루 3봉지가 들어 있는 상자의 무게를 재어 보았더니 3 kg 850 g이었습니다. 상자만의 무게가 1 kg 150 g이라면 밀가루 한 봉지의 무게는 몇 g인가요?

풀이

답 _____

정답과 해설 34쪽

9 크기가 같은 원 7개를 서로 원의 중심이 지나도록 겹쳐서 한 줄로 그렸습니다.
선분 ㄱㄴ의 길이가 56 cm일 때, 원의 지름은 몇 cm인가요?

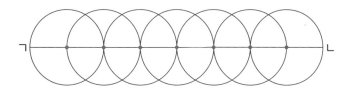

풀이

답 _____

10 승언이가 수정과 한 병을 사서 무게를 재었더니 610 g이었고,
수정과 전체의 $\frac{1}{4}$을 마신 다음 무게를 재었더니 490 g이었습니다.
빈 병의 무게는 몇 g인가요?

풀이

답 _____

143

1 희곤이네 학교 학생들은 직업 체험 학습을 가려고 40명씩 탈 수 있는 버스 15대에 나누어 탔습니다. 버스마다 6자리씩 비어 있다면 직업 체험 학습을 간 학생은 모두 몇 명인가요?

풀이

답 _____

2 효린이는 과학 시간에 철사 84 cm의 $\frac{3}{7}$을 사용했습니다.
남은 철사는 몇 cm인가요?

풀이

답 _____

3 점 ㄱ, 점 ㄴ, 점 ㄷ은 원의 중심입니다.
가장 큰 원의 지름이 24 cm일 때,
선분 ㄱㄷ은 몇 cm인가요?

풀이

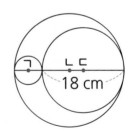

답 _____

정답과 해설 35쪽

4 미승, 서영, 채원이가 실제 무게가 6 kg인 수박의 무게를 각각 다음과 같이 어림하였습니다. 수박의 실제 무게에 가장 가깝게 어림한 사람은 누구인가요?

> • 미승: 약 5 kg 600 g
> • 서영: 약 6050 g
> • 채원: 약 6 kg 100 g

답 _____

5 직사각형 안에 반지름이 8 cm인 원 4개를 꼭 맞게 이어 붙여서 그렸습니다. 직사각형의 네 변의 길이의 합은 몇 cm인가요?

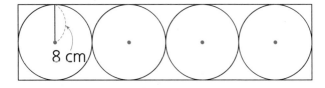

8 cm

답 _____

6 참외 193개를 7봉지에 똑같이 나누어 담으려고 합니다.
참외를 남김없이 모두 나누어 담으려면 참외가 적어도 몇 개 더 필요한가요?

풀이

답 _____

7 1부터 9까지의 수 중에서 ☐ 안에 들어갈 수 있는 가장 작은 수를 구해 보세요.

$$42 \times \boxed{}0 > 2700$$

풀이

답 _____

8 예림이와 유수가 약수터에서 떠 온 물을 빈 욕조에 부었습니다. 예림이가 떠 온
물은 2 L 180 mL이고, 유수가 떠 온 물은 2 L 940 mL입니다. 욕조의
들이가 10 L일 때, 욕조를 가득 채우려면 물을 몇 L 몇 mL 더 부어야 하나요?

풀이

답 _____

9 4장의 수 카드 6 , 4 , 7 , 3 중 3장을 골라 한 번씩만 사용하여

몫이 가장 큰 (두 자리 수)÷(한 자리 수)를 만들고 계산해 보세요.

$$\boxed{}\,\boxed{} \div \boxed{} = \boxed{} \cdots \boxed{}$$

풀이

답 $\boxed{}\,\boxed{} \div \boxed{} = \boxed{} \cdots \boxed{}$

10 준우네 마을의 농장별 양파 수확량을 조사하여 그림그래프로 나타내었습니다. ㉯ 농장의 양파 수확량은 ㉰ 농장의 양파 수확량보다 130 kg 더 적습니다.
양파 수확량이 가장 적은 농장과 두 번째로 적은 농장의 양파 수확량의 차는 몇 kg인가요?

풀이

농장별 양파 수확량

농장	양파 수확량
㉮	🧅 🧅🧅🧅🧅🧅🧅🧅
㉯	
㉰	🧅🧅🧅🧅
㉱	🧅🧅🧅🧅🧅

🧅100 kg 🧅10 kg

답 _____

1 현경이가 밭에서 수확한 무를 한 상자에 60개씩 20상자에 담고,
한 봉지에 14개씩 37봉지에 담았습니다.
상자와 봉지에 담은 무는 모두 몇 개인가요?

 풀이

 답 _____

2 선미는 종이배 97개를 접은 다음 그중에서 12개를 친구에게 주었습니다. 남은
종이배를 5상자에 똑같이 나누어 담으면 한 상자에 몇 개씩 담을 수 있나요?

 풀이

 답 _____

3 점 ㄱ, 점 ㄴ은 원의 중심입니다.
선분 ㄱㄷ은 몇 cm인가요?

 풀이

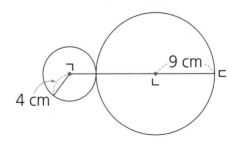

 답 _____

정답과 해설 36쪽

4 길이가 103 cm인 색 테이프 8장을 그림과 같이 20 cm씩 겹쳐서 한 줄로 이어 붙였습니다. 이어 붙인 색 테이프의 전체 길이는 몇 cm인가요?

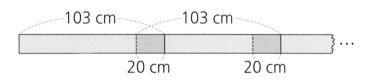

풀이

답 _____

5 어느 아파트의 지난주 동별 쓰레기 발생량을 조사하여 그림그래프로 나타내었습니다.
1동의 쓰레기 발생량이 150 kg일 때, 3동의 쓰레기 발생량은 몇 kg인가요?

동별 쓰레기 발생량

동	쓰레기 발생량
1동	🗑️🗑️🗑️🗑️🗑️🗑️
2동	🗑️🗑️🗑️🗑️🗑️🗑️
3동	🗑️🗑️🗑️🗑️🗑️🗑️

풀이

답 _____

6 어떤 수를 3으로 나누어야 할 것을 잘못하여 3을 곱했더니 87이 되었습니다. 바르게 계산했을 때의 몫과 나머지를 구해 보세요.

풀이

답 몫: _____ , 나머지: _____

7 경태가 감자 12개를 상자에 담았습니다. 경태가 상자에 담은 감자의 수가 전체 감자의 $\frac{3}{8}$일 때, 전체 감자는 몇 개인가요?

풀이

답 _____

8 3 t까지 실을 수 있는 빈 트럭이 있습니다. 이 트럭에 60 kg짜리 물건과 51 kg짜리 물건을 각각 25개씩 실었습니다. 이 트럭에 몇 kg까지 더 실을 수 있나요?

풀이

답 _____

정답과 해설 36쪽

9 어느 지역의 공원별 가로등의 수를 조사하여 그림그래프로 나타내었습니다. 네 공원에 있는 가로등이 모두 200개이고, ㉯ 공원의 가로등이 ㉰ 공원의 가로등보다 15개 더 많을 때, ㉰ 공원의 가로등은 몇 개인가요?

공원별 가로등의 수

공원	가로등의 수
㉮	🏮🏮🏮🏮🏮🏮 ╎╎╎
㉯	
㉰	
㉱	🏮 ╎╎╎ ╎╎

🏮 10개　╎ 5개　╎ 1개

풀이

답 _____

10 빈 통에 무게가 같은 주스 병 8개를 담아 무게를 재었더니 3 kg 700 g이었습니다. 여기에 똑같은 주스 병 2개를 더 담았더니 4 kg 520 g이 되었습니다. 빈 통의 무게는 몇 g인가요?

풀이

답 _____

MEMO